옷이 당신에게 말을 걸다

DRESS to adDRESS

옷이 당신에게 말을 걸다

김윤우 지음

페이퍼스토리

헐벗은 나무, 때가 되면 어떤 옷을 입을까?

옷 '잘' 입는다는 말

내가 살아오며 가진 '옷 입기에 관한 생각'을 언젠가 글로 남겨보고 싶다라는 희망이 있었다. 글쓰기에 대한 훈련이 안된 내가 감히 이렇게 글을 쓰는 것은 큰 도전이다. 내 나름의 다양한 경험과 통찰이 또 한편으로는 진리는 아닐 수 있다는 것도 글쓰는 작업을 꽤나 지난하게 했다. 그럼에도 불구하고 내가 책을 쓰려는 이유 세 가지가 있다.

첫 번째 이유는, 패션은 유행을 좇아가지만 스타일은 자기다움을 찾아간다는 점을 강조하기 위해서다. 조물주가 만든 우리의 몸에 변형이 오지 않는 한 바지는 두 갈래이고 소매도 두 개다. 신체학적 기본 패턴은 변할 리가 없고 변할 수도 없다는 것은 진리다. 그래서 우리는 '패션은 돌고 돈다'라고 말한다. 스커트와 바지의 길이가 길어졌다가 짧아지고, 와이드 팬츠에서 바지통이 좁아지다 못해 다리를 그대로 드러나게 하는 레깅스가 패션의 정점을 찍기도 했다. 상의도 마찬가지다. 어깨선이 딱 맞았다가 어깨를 벗어났다가 가끔 갈 길을 잃기도 한다. 몸을 구겨 넣어야 할 정도로 타이트한 핏을 살리다가 몸이 두서너 개 들어가도 될 정도의 와이드로 옷감을 아주 많이 사용하기도 한다. 옷의 기본과 근본은 변하지 않는다. 시대적 흐름에 따라 변화를 추구하기 위해서 스타일과 컬러 등 옷을 구성하는 다양한 요소들이 변할 뿐이다. 과거를 빌려 현재를 팔고 있는 요즘, 엄마의 옷장으로 딸의 스타일이 살아나고 완성되기도 한다. 그 딸의 딸아이가 열어젖히는 엄마의 옷장에는 어떤 옷이 기다리고 있으며, 그 아이는 어떤 기대를 품고 엄마의 옷장을 훔칠까?

밖에서 날아드는 유행을 따라가기 이전에 안에서 잠자는 나다움을 흔들어 깨워야 한다. 내가 누구인지, 나만의 고유한 개성을 찾아보고 진정한 자기다움으로 드러나는 아름다움의 진면목은 무엇인지를 진지하게 성찰하는 일이 먼저이다. 내가 원하는 옷은 나다움을 드러내는 옷이다. 그래서 옷이 하는 말에 귀를 기울여야 한다. 진지하게 나다움을 표현해줄 수 있는 패션 추구. 이런 노력 없이는 우리의 옷 입기는 늘 세상을 따라갈 수밖에 없다. 때가 되면 옛날에 유행하던 패션이 다시 고개를 들고 새로운 유행이라며 모습을 드러내지만, 사실은 한때 유행했던 패션의 반복이다. 돌고 도는 패션의 흐름만 따라가게 되면 오히려 목적지 없이 표류하는 망망대해의 배와 같은 처지가 될 수 있다. 내가 중심에 자리를 잡고 구심력으로 세상의 패션을 끌어당겨 주체적으로 해석해야 빠른 속도로 돌아가는 패션의 원심력에 침몰당하지 않는다.

책을 쓰게 된 두 번째 이유는 트렌드에 숨겨진 진의眞意를 올바로 파악하는 것이 얼마나 소중한지를 깨우치기 위해서다. 누군가에게는 죽고 못 살 트렌드이고 또 다른 누군가에게는 훅 불면 날아갈 것 같은 트렌드. 우리는 트렌드에 너무 민감하다. 하나의 트렌드가 나오면 그것에 부합하는 삶을 살고 거기에 맞는 의식주 생활을 하지 않으면 마치 시대에 뒤떨어진 사람으로 취급된다. 시시각각 신출귀몰하듯 다양한 트렌드가 등장할 때마다 우리는 거기에 상응하는 라이프 스타일을 추구하려고 안간힘을 쓰며 트렌드의 마법에 걸려서 살아가고 있다는 것이 문제이다. 예를 들면 미투운동이 정점에 달했을 때 부각된 키워드가 '페미니즘'이었다. 페미니즘을 패션으로 풀어보자면, 여성의 자신감을 표현하고, 여성이 편안함을 느끼고 자유로운 분위기 속에서 진정한 여성성을 소중하게 생각하자는 트렌드로 부각되었다. 하지만 페미니즘에 기반을 둔 트렌드는 그동안 유행했던 옷들을 페미니즘이 추구하는 감각적 성향에 맞게 재포장한 위장 전술에 불과했다. 짧은 미니스커트로 다리를 드러내고 타이트한 바지를 입는다고 해서 여성성이 두드러지는 게 아닌데 말이다. 페미니즘을 상업적으로 포장, 고객들의 심리에 달콤한 유혹의 가루를 뿌리는 것은 그들의 사명이고 그 유혹에 얼마나 흔들려줄지는 온전히 우리들의 몫이다.

　　이처럼 트렌드는 세상 메시지로 포장, 고객이 뭔가를 사지 않으면 마치 시대에 뒤떨어지는 사람처럼 강압적으로 소유 욕망을 충동질하는 자극제가 되기도 한다. 이제 하나의 트렌드가 세상을 지배하고 군림하던 시대에서 다양한 트렌드가 동시다발적으로 제시되고 있다. 하나의 트렌드에 목숨 걸고 쫓아가는 시대는 저물었다. 이제는 저마다의 개성을 강조하는 시대다. 개성을 유니크함, 다른 사람과 의도적으로 차별나게 하는 것은 아니다. 중요한 것은 나다움에 맞는 것인지의 여부이다. 트렌드를 맹목적으로 믿고 쫓아가 현혹될 것이 아니라 주목받는 트렌드가 과연 나에게 어떤 의미와 가치가 있는지를 깊이 성찰할 필요가 있다.

　　책을 쓰게 된 세 번째 이유는 안목의 중요성을 강조하기 위해서다. 우리는 흔히 '옷을 입는다'고 한다. 사실은 패션업체와 디자이너의 옷을 입는 것이 아니라 '옷에 대한 나의 안목眼目을 입는 것'이다. 안목은 사물이나 현상의 진면목을 남다른 시각이나 관점으로 바라보는 독특한 시선이다. 안목은 책상에서 열심히 공부한다고 생기는 것이 아니다. 옷 입기에 대한 안목도 마찬가지다. 다양한 컬러의 옷을 디자인별로 입어보고 내 몸이 어떻게 반응하는지를 감각적으로 느껴보지 않고서는 배울 수 없는 남다른 식견이나 혜안이 바로 안목이다. 안목이 없는 사람과 안목이 있는 사람의 차이는 한눈에 사물이나 현상의 핵심과 본질을 간파 가능한가의 여부다. 옷의 컬러, 소재, 패턴의 미묘한 차이가 사람과 만날 때 더욱 빛나 보이기도 하고 사람의 고유한 개성이 옷으로 잠식당하기도 한다. 옷의 어떤 요소가 누군가에게는 잘 어울려서 아름다움을 넘어 우아한 아우라를 자랑하지만 다른 누군가에게는 오히려 그 사람의 독특한 자기다움을 희석하거나 탈색시키기도 한다. 안목은 바로 다양한 옷 입기를 통해 내 몸과 만나면서 일어나는 감각적 각성, 그 순간을 포착하는 기지機智이자 형언할 수 없는 직관적 통찰이다.

　　한때 패션업체와 디자이너들이 만들어내는 신상품의 노예로 살던 때가 있었다. 언제부턴가 패셔니스타가 주류를 이루고 SNS를 즐기는 대중들의 목소리가 높아지면서 패션업체와 브랜드들도 입장을 달리하기 시작했다. 그들과 타협점을 찾기라도 하듯 상품을 두고 '이것 봐! 이거 사!'가 아닌 협상 테이블을 펼쳐놓고 사회현상과 문화를 더 반영하는 모습을 보이기 시작했다. 이제는 다양한 트렌드가 공존하는 가운데 브랜드들은 마치 선심을 쓰듯 여러 스타일과 다양한 아이템으로 소비자를 유혹하고 있다. 몇 년 사이에 럭셔리의 연령대가 낮아짐에 따라 브랜드들이 고집하던 것을 내려놓기도 하고 스트리트 패션에 강한 디자이너를 영입하는 상황이 벌어지기도 했다. 패션업계 혁신의 바람이 불었다 해도 과언이 아니다. 이제 한두 가지 트렌드가 세상을 압도하고 주류로 군림하는 시대는 지났다. 아무리 럭셔리한 브랜드라고 할지라도 나의 안목으로 재해석되어 태어나는 아름다움이 아니라면 그저 눈요깃감이고 욕망을 부추기는 자극제에 불과하다. 옷에 대한 나만의 안목을 기르는 유일한 방법은 직접 입어보면서 착용감을 느끼고 내 몸을 통해 드러나는 핏감에 주의를 기울이는 것이다. 비슷하거나 혹은 나만 튀는 복장이거나 함께 앉아서 대화할 때 느끼는 동질감과 이질감도 미세한 감각적 차이를 불러일으킨다. 이런 미묘함이 나를 자극하고 잠자고 있는 감각적 본성을 흔들어 깨울 때 옷 입기에 관해 나만의 안목이 눈을 뜨기 시작한다.

　　이 책에는 유행템을 제시하며 어떻게 입어야 하는지에 대한 구체적인 처방전은 없다. 이 책은 출발부터 상황과 이슈에 따른 스타일링에 대한 보편적이고 일반적인 처방적 지침을 제시하는 데 관심을 두지 않는다. 이 책은 가장 자기답게 살아가기 위해 나에게 어울리는 아름다움은 무엇인지를 규명하는 스타일 검진으로 시작한다. 내가 누구인지, 나에게 잘 어울리는 컬러와 소재, 감성 스타일은 무엇인지, 그리고 어떤 점에서 그것을 찾으려고 하는지, 시각적 지침이 아닌 인문학적 사유로부터 출발한다. 그리고 이 사유는 자기성찰을 통해 이전에 가졌던 아름다움에 대한 인식을 전환하고, 참된 아름다움의 세계로 인도할 것이다. 나아가 옷이 당신에게 말을 걸면서 아름다움의 궁극적 종착역인 우아함의 세계, 영원한 미美완성 여행을 즐기게 해줄 것이다.

기술 없는 처방은 임기응변적 방편에 불과하고 처방 없는 기술은 기만에 불과할 수 있다. 옷 입기는 사실 구체적인 처방전보다 왜 지금 이런 옷을 입어야 하는지에 대한 분명한 자기 정당화와 옷이 걸어오는 말에 상응하는 대답을 찾는 헤아림의 산물이다. 옷 입기는 옷과 내 몸이 감각적으로 만나는 접점에서 육감적으로 깨닫는 절정의 느낌이자 옷이 몸을 감싸 안으면서 흐느끼는 소리 없는 탄성이다.

책을 쓰기 전에 나는 컨설팅 회사 그랑그랑 크리에이션을 열어 다양한 사람들과 만났다. 바쁜 삶을 살아가다 경각심이나 위기의식, 그리고 내가 진정 누구인지 찾고자 하는 사람들을. '나를 찾아' 떠나는 그 여행길에서 그랑그랑 크리에이션은 어떤 이에겐 출발지이고, 어떤 이에겐 행복 에너지를 충전하는 주유소다. 그랑그랑 크리에이션은 또한 인생의 터닝포인트를 마련하는 사람에게 새로운 커리어를 꿈꾸게 하는 설렘 가득한 희망의 텃밭이 되기도 한다. 그리고 자기다움으로 진정한 아름다움이 무엇인지를 알고 싶은 사람에게는 꿈꾸는 인큐베이터이기도 하다. 이 책을 통해 이 경험들을 공유함으로써 세상에서 가장 아름다운, 나다움으로 자기 색깔을 찾는 이들에게 길동무가 되길 희망한다.

유난히 짧게 느껴졌던 지난해 가을, 서로 키재기하는 구름보다 더 높이 높이 달아나던 하늘을 종이 삼아 구름을 지우개 삼아 글을 쓰기 시작했다. '탈고 인큐베이터' 속에서 살을 찌우고 옷을 갈아입기를 여러 번, 2022년 가을과 겨울 사이, 이제야 험난한 세상으로 여행을 떠날 준비를 마쳤다.

내가 만난 사람 중 너무나도 좋은 사람, 최희진 언니에게 감사함을 먼저 전하고 싶다. 몇십 년 세월을 거슬러 찾고 찾아서 내어준 언니의 사진 덕분에 원하던 책을 낼 수 있었다. 불철주야 노트북 앞으로 이끌어주신 한양대학교 교육공학과 유영만 교수님께도 특별히 감사드린다. '읽고 쓰기'를 부단히도 강조하셨던 교수님의 당근과 채찍으로 한 권의 책이 태어날 수 있었다. 그리고 사랑하는 김민정 크리에이터에게 고마움을 전한다. 그녀 덕분에 버킷리스트를 하나 지울 수 있었고, 한결같이 버팀목 같은 동반자가 있다는 것이 얼마나 소중한지, 큰 힘이 되는지 느끼게 해주었다. 내 글에 대한 콤플렉스로 몸살을 앓을 때마다 툴툴 털고 일어나게 해준 내 친구 Sam에게도 고마움을 전한다. 글은 화려한 표현이 아닌 진심이라는 말이 정말 큰 위로가 되었다. 마지막으로 내가 걸어온 경험의 현장에서 만난 모든 분께 감사의 마음을 전하고 싶다.

그랑그랑 크리에이션 대표

김윤우

옷 입기를 통해 가장 아름다운 자기다움을
창조하고 싶은 사람들에게

글에는 두 가지 종류가 있다. 머리로 쓴 글과 몸으로 쓴 글이다. 머리로 쓴 글은 우선 읽는 순간 재미도 없고 와닿지 않는다. 머리로 쓴 글에는 자신의 체험적 깨달음이 없고 남의 주장과 의견에 종속되어 설명하는 문장이 많다. 주장에 힘이 느껴지지 않고 설득력이 없는 이유다. 반면에 몸으로 쓴 글은 사건과 사고, 성공과 실패 경험이 몸을 관통하며 남긴 흔적들이 살갗을 파고들고 전두엽을 뒤흔든다. 김윤우 대표의 글에는 현장에서 직접 몸소 겪은 깨달음의 정수가 들어 있고 색다른 문제의식으로 기존 사유 체계나 일반적 주장의 통념을 통렬하게 비판하는 위기의식이 활어처럼 살아 숨 쉰다.

많은 사람들이 주장하는 옷 입기 패션의 외면적 사치보다 자기다움을 드러내는 내면적 가치에 집중함으로써 옷을 잘 입으면 없었던 힘도 생긴다는 즉, 옷 입기는 곧 힘입기임을 살아 있는 체험적 사례를 분석하면서 얻은 통찰이 곳곳에서 퍼덕거린다. 그 흔한 옷 입기 패션을 강조하고 유행에 따라 어떤 옷을 입어야 한다는 일반적 법칙에 정면으로 도전장을 내미는 저자는 '진정한 아름다움은 까다로운 조화로움에서 나온다'는 이색적인 주장을 펼친다. 저자에 따르면 조화로움은 '아쉬운 미未완성'이 아니라 '영원한 미美완성'이다. 조화로움에서 탄생되는 아름다움은 한두 번의 노력으로 완성되는 명사가 아니라 부단한 노력을 통하여 끊임없이 자기다움을 발견해가는 동사다.

저자가 말하는 아름다움의 보루라고 할 수 있는 까다로움은 깐깐한 자기 고집이라기보다 자기다운 아름다움을 창조하기 위해서 양보할 수 없는 마지노선이자 자기 특유의 컬러와 스타일을 창조하기 위해서 반드시 지켜야 할 난공불락의 철칙이다. 까다로움은 타협할 수 없는 자기만의 고유함이자 누구와도 비교할 수 없는 아름다움의 비결이다. 이런 까다로운 아름다움이 조화로움 속에서 꽃피우기 위해서는 꾸미기만 하지 말고 가꿔야 한다고 저자는 주장한다. 왜냐하면 '꾸밈은 남다름'이고 '가꿈은 색다름'을 드러내기 때문이며, 옷 입기를 통해서 자신이 되고 싶은 이상적인 꿈 역시 꾸밈이 아니라 가꿈에서 나오기 때문이다.

이 책의 가장 큰 특징은 옷 입기를 기술적으로 가르쳐주는 테크닉이나 패션에 따라 옷을 어떻게 입어야 하는지에 대한 구체적인 처방전 이전에 더 소중한 옷 입기의 진정한 본질과 핵심을 건드리고 있다는 점이다. 한마디로 김윤우 대표가 주장하는 옷 입기는 기술이 아니라 예술이다. 예술적 감각은 직접 옷을 입어보면서 자신의 신체가 새로운 옷과 만나서 느끼는 감각적 각성과 경험 미학이 축적될 때 주어지는 선물이다. 하지만 대부분 사람들은 이렇게 옷을 입어보지도 않고 누군가의 추천이나 한때 유행하는 패션fashion을 흉내 내려는 무모한 패션passion으로 다른 사람의 욕망을 욕망하는 덫에 걸려 불행한 삶을 살아가는 악순환에 빠져 있다. 진정한 옷의 소유는 옷을 입고 느끼는 향유에서 비롯되기 때문에 직접 옷을 입는 사람에게 낯선 감각적 자극을 제공해야 한다고 저자는 시종일관 주장한다. 즉 옷과 몸이 솔직담백하게 대화하는 자기 발견의 여정을 즐겨야 옷 입기를 통해 드러나는 진정한 아름다움이 관망의 대상이 아니라 관능의 주체임을 확인할 수 있다.

옷이 수없이 말을 걸어와도 우리는 그동안 무시하고 내 기분이나 틀에 박힌 취향대로 옷을 입어왔다. 옷을 입으면 입을수록 힘을 받지 못하는 이유다. 옷은 저마다 감각적 자극을 품고 있는 제2의 자아다. 옷이 주는 감각적 자극을 무시할수록 내 몸은 색다른 옷이 주는 자극에 무감각해진다. 옷이 하고 싶은 말을 귀담아듣고 옷이 주는 감각적 자극에 내 몸을 맡길 때 이제까지 경험해보지 못한 숨겨진 자기다움이 빛을 받으면서 드러나기 시작한다.

이 책은 각양각색의 옷을 화려한 자극적 꾸밈의 수단으로 다루지 않고 다양한 체험적 각성과 인문학적 사유를 통해 진정한 자기다움을 발견하는 가꾸기의 전략을 담고 있다. 이 책은 옷 입기를 통해 내가 누구인지 알고 싶은 사람, 나에게 어울리는 컬러와 스타일을 통해 진정한 자기 정체성을 찾고 싶은 사람이 읽어야 할 필독서다.

옷이 걸어오는 말을 귀담아들을 때 나 역시 귀한 사람으로 거듭날 수 있다는 메시지가 피부에 와닿는다. 특히 옷 입기에 누구에게나 통용되는 일정한 법칙이 있는 것처럼 착각하고 유행하는 옷에 자신을 맞추려고 노력해왔던 사람에게 이 책은 진정한 옷 입기의 본질이 무엇인지를 정문일침頂門一鍼의 깨우침을 선사해준다. 뿐만 아니라 자기다움을 발견하는 옷 입기를 통해 죽비로 내리치듯 아프지만 정신이 번뜩 들게 하는 각성제가 이 책 안에 가득하다. 더 나아가 『옷이 당신에게 말을 걸다』라는 책은 습관이자 끊임없이 몸으로 공부해야 생기는 옷 입기 능력을 터득할 수 있는 인생 독본이라고 믿어 의심치 않는다.

지식생태학자·한양대학교 교수

유영만

Contents

옷이 당신에게 하는 말을
들어본 적이 있는가?

옷 입기는 힘입기다. 어떤 옷을 입으면 잠자고 있던 내면의 힘이 솟아나면서 생기가 돋을 때가 있다. 없었던 자신감도 생기고 움츠러들었던 가슴도 활짝 펴게 만드는 게 옷 입기다. 낯선 사람과 만나는 길에서도 한 줌의 용기를 얻어서 몸과 마음까지도 가벼워지게 만드는 것 또한 옷 입기다. 이런 옷이 당신에게 말을 건다? 옷이 나에게 무슨 말을 거는 걸까? 혹시 '당신은 지금 자기다움에 맞는 옷 입기를 통해 아름답게 살아가고 있는가' 하고 묻고 있는 게 아닐까? 나에게 잘 어울리는 옷은 잠자고 있는 감각을 흔들어 깨우고 나에게 어울리는 아름다움을 선물한다. 하지만 우리는 유행을 좇아가기 바쁘다. 또는 남들이 입고 예쁘다고 하는 옷을 무조건 따라간다. 그 결과 옷이 걸어오는 말을 들을 수 없게 되었다.

옷이 당신에게 말을 건다. 그냥 입지 말고 제대로 알고 입으라고, 쫌 알고 입으라고. 옷이 끊임없이 말을 걸어오고 있음에도 우리는 한 번도 귀담아들은 적이 없을 뿐만 아니라 들었다고 해도 그 말의 진정한 의미를 깊이 생각해본 적이 없다. 옷이 걸어오는 말에는 "나는 이런 컬러와 소재로 되어 있으니 어떻게 입으면 내가 지닌 아름다움으로 당신을 더 돋보이게 할 수 있다."라고 속삭이는 말이기도 하다. 또한 옷이 걸어오는 말은 "당신이 지닌 신체적 특징은 이러하고 당신만의 고유한 감성은 이런 스타일이니 이러이러한 옷과 스티일링은 피하라."고 절규하는 목소리이기도 하다. 옷이 옷걸이에 걸려 있다고 침묵하고 있는 게 아니다. 옷은 자신에게 생명을 불어넣어줄 누군가를 기다리며 침묵으로 항변하고 있다. 사람도 태어나서 살아가는 저마다의 사연과 이유가 있듯이, 옷도 세상에 나와서 자신을 가장 아름답게 드러내주면서 희로애락을 함께할 주인을 기다리고 있다. 옷과 사람이 만나 절묘한 하모니를 이루면서 아름다움을 넘어 우아함에 이르는 동행을 꿈꾼다.

옷에 대한 남다른 관심과 애정으로 옷과 관련된 다양한 일을 하면서 나름 갖게 된 신념과 철학이 있다. '시간Time', '장소Place', '상황Occasion' 즉 TPO와 무관하게 어떤 상황에서도 통용되는 옷 입기 매뉴얼이나 'How to'에 관한 처방전을 제시하기는 어렵다는 것이다. 반짝이는 큰 보석이 진열장 안에 가만히 앉아 있을 때보다 빛을 받으면서 손의 움직임을 따라 발광發光하는 모습에서 보석의 진가를 발휘한다. 나의 제스처와 애티튜드 그리고 손끝에서 나오는 형언할 수 없는 아우라가 보석과 환상적인 하모니를 이룰 때 보석은 범접할 수 없는 빛깔을 자랑한다. 이렇듯이, 어떤 옷이는 상신구든 내 몸과 동떨어진 상태에서 어떻게 하는 것이 최선이라는 것을 일방적으로 제시하는 것에는 무리가 따른다.

옷을 입는다는 것은 가장 나다움을 찾는 것이고, 옷마다 가진 고유한 색감이나 촉감이 다르기에 오로지 여러 가지 방식으로 시도하는 가운데 찾아낸 옷의 진가를 입는 것이다. 옷도 입어보지 않고 저마다 고유한 개성을 뽐내는 다양한 옷을 모든 사람에게 이럴 땐 이렇게 입어보라고 말하는 처방전에 100퍼센트 만족할 것이라고 장담할 수 있을까?

우리는 제각기 다른 유전자를 가지고 자신만의 개성과 아름다움을 지니고 태어났다. 그 개성과 아름다움을 잘 표출하기 위해서는 나의 장단점이 무엇인지를 잘 파악하고 자신부터 잘 알아야 한다. 이미지와 스타일의 변화는 자신을 잘 아는 것에서부터 시작되며 사람마다 생김새가 다르듯 옷 입기도 같을 수가 없다. 옷을 제대로 입기 위해서는 특정한 복식 장르에 대한 해박한 지식이나 여러 브랜드에 대한 정보력도 도움이 되겠지만 자신의 아이덴티티를 찾는 일이 먼저이다. 누군가가 알려주는 패션 법칙에 의존해서 눈으로만 옷을 즐기지 말고 직접 시류에 흔들리지 않는 자신만의 아이덴티티를 찾아 떠나보자. 그 여정에서 만나는 나만의 패션 & 라이프 스타일 철학은 나의 재발견을 도울 것이다.

가장 훌륭한 시는 아직 쓰여지지 않았다
가장 아름다운 노래는 아직 불려지지 않았다
최고의 날들은 아직 살지 않은 날들
가장 넓은 바다는 아직 항해되지 않았고
가장 먼 여행은 아직 끝나지 않았다

불멸의 춤은 아직 추어지지 않았으며

가장 빛나는 별은 아직 발견되지 않은 별

무엇을 해야 할지 더 이상 알 수 없을 때

그때 비로소 진실로 무엇인가를 할 수 있다

어느 길로 가야 할지 더 이상 알 수 없을 때

그때가 비로소 진정한 여행의 시작이다

튀르키예의 시인 나짐 히크메트(Nazim Hikmet, 1902~1963)의 아름다운 문장이다. 어떤 옷을 입어야 할지 더는 알 수 없을 때, 그때가 비로소 진정한 옷 입기 여행의 시작이다. 가장 훌륭한 옷 입기는 아직 시작되지 않았고, 가장 아름다운 옷 입기 역시 마찬가지다. 나에게 가장 잘 어울리는 옷을 입고 경이로운 세상으로 떠나는 여행을 우리는 아직 떠나지 않았다. 왜냐하면 옷이 그동안 당신에게 걸어온 말을 한 번도 귀담아듣지 않았기 때문이다. 옷 입기 여행은 옷이 당신에게 하고 싶은 말을 듣고, 옷이 원하는 목적을 위해 기꺼이 시간과 노력을 투자할 때 시작되기 때문이다. 옷과 내가 새롭게 만나 이전과 다른 감각적 접촉을 하면서 옷은 나에게, 나는 옷에게 색다른 감각적 각성을 주고받는 과정이 나를 찾아 떠나는 진정한 옷 입기 여행이라 하겠다.

옷 입기는 아름다움을 창조하는 예술이다. 옷 입기를 통해 아름다움을 창조하려면 건강 체크를 위해 건강 검진을 받듯 당신의 스타일도 진단이 필요하다. 나를 찾아 떠나는 첫걸음은 '스타일 검진'을 통해 나에게 어울리는 아름디움 DNA를 발견하면서 시작된다. 아름다움은 저마다의 개성에 어울리는 자기만의 스타일에서 나온다. 이런 아름다움은 까다로움이라는 관문을 통과할 때 비로소 탄생하는 자기다움이다. 아름다움이 까다로움을 통과하고 나면 어울림과 조화로움이 꽃이 핀다. 어울림과 조화로움의 꽃으로 피어나는 아름다움은 마지막으로 우아함이라는 형언할 수 없는 아우라의 열매가 맺히기 시작한다.

이 책은 자기다움에서 시작되는 아름다움이 우아함으로 완성되기까지 옷이 당신에게 걸어오는 말에 귀를 기울이며 떠나는 영원한 미美완성 여행기다. 자기다움을 가장 아름답게 창조하는 여행을 떠날 준비가 되었는가? 놀라운 즐거움과 경이로운 행복으로 당신의 아이덴티티를 찾아나설 때 이 책이 길을 잃지 않도록 동행해주는 나침반이 되기를.

내가 입은 옷,
그것이 바로 '나'

내가 입은 옷, 그것이 바로 '나'. 그 사람이 누구인지는 어떤 옷을 입고 있는지를 보면 알 수 있다는 말이다. 옷은 그 사람의 겉모습을 판단하는 조건이 되기도 하고 단순히 그 사람의 외면을 꾸미는 장식품을 넘어서기도 한다. 똑같은 옷이라도 어떻게 입는지에 따라 사람이 달라 보이는 이유는 옷은 그 사람의 정체성을 담아내는 그릇일 수 있기 때문이다. 옷은 나를 보호하는 외면적 장식으로서의 의미를 지닌다. 아담과 이브 이후 인간이 몸을 가리기 시작한 때부터 옷은 제2의 피부가 되었다고 해도 과언이 아니다. 어떤 한 사람과 만나 통성명을 하고, 대화를 나누기 이전에 그 사람의 외모와 몸에 걸치고 있는 옷매무새로부터 그 사람의 정보를 얻게 된다. 동시에 전체적인 스타일에서 그 사람의 취향과 성격까지 엿볼 수 있으므로 내가 입은 옷이 나다.

　　매일 아침 새롭게 입는 옷은 매일 아침 새롭게 마주하는 '나'다. 어제와 다른 나로 다시 태어나는 방법은 '제2의 나'인 옷을 다르게 입는 것이다. 어제와 다르게 입는다는 의미는 단순히 어제와 다른 옷을 입는다는 의미가 아니다. 나의 철학과 생각을 더 잘 드러내기 위해서 고민하고 판단해서 나에게 어울리는 스타일을 만들어가는 것이다. 옷 입기는 단순히 나의 외면을 위장하거나 포장하는 노력을 넘어선다. '제2의 나'라고 생각하는 옷을 어떻게 선택하고 입는지에 따라 옷으로 드러나는 나의 정체성이 다르게 드러난다. 어떤 생각과 마음가짐으로 옷을 고르고 선택해서 입는지에 대해서 스스로 성찰해보고 질문을 던져보길 바란다. 제2의 피부와도 같은, 제2의 나이기도 한, 그런 옷과 진솔하게 마주하는 시간을 가질수록 나를 담아내는 옷 입기는 달라진다. 옷 입기가 달라지면 그 옷을 입고 있는 나는 색다르게 보여질 것이다.

나는 누구인가

거울 앞에서 우리는 보고 싶은 부분만 더 자세히 들여다보며 미소 짓고 상상 속의 나를 거울에 투영시켜 그 모습에 만족감을 얻는다. 콤플렉스는 더 돋보이기 마련이라 부족하다고 느끼는 부분은 회피하면서 내가 예뻐 보이는 모습만 기억 속에 저장한다. 자신이 되고 싶은 헛된 망상에 사로잡혀 자신의 진정한 모습은 뒤로하고 상상 속의 나, 거울 저편의 모습으로 살아가기도 한다. 고양이가 거울을 보는데 사자가 비치고, 애벌레가 바라보는 거울엔 나비가 비치는 것처럼 우리도 거울을 마주하며 그런 착각 속에서 살고 있는지도 모른다.

언제부터인가 자기 모습을 직접 촬영하는 셀프카메라가 보편화되었다. 본인의 시선으로 본인이 만족하는 모습을 담는 것인데 무조건 셀카를 선호하는 사람들이 많다. 내가 원하고 만족하는, 가장 예뻐 보이는, 조금은 가식적인 모습을 원하는 것이다. 거기에 각종 이미지 편집 앱이 나오면서 자신을 다양하고 남다른 모습으로 보여주거나 포토샵 처리로 칼 안

대고 돈 안 드는 성형수술, 일명 뽀샵을 한다. 얼마 전부터 대학교와 공공기관 등 지원서에 증명사진을 포토샵으로 처리한 사진은 첨부하지 말아 달라는 공지가 올라온 것만 봐도 심각한 사태가 아닐 수 없다.

그들은 사진 앱과 포토샵의 노예가 되어 본연의 모습을 잊은 채 뽀샵을 한 모습이 자기 모습이라고 착각하며 살아가는 사람들이 많다는 기사도 본 적이 있다. '나는 누구인가?'라는 명제는 아주 많은 내용을 함축함과 동시에 여러 변수의 답을 요구하고 있다. 그래서 타인 또는 자신에게 던지는 질문에 명쾌하게 답을 할 수 있는 사람은 그리 많지 않다. 그래서 이미지 메이킹의 1단계이기도 한 소크라테스의 "너 자신을 알라!"는 참으로 지난한 질문이자 과제가 아닐 수 없다. 나도 모르는 사이에 나로 인식된 나이기에 우리는 '나는 누구인가?'라는 질문이 막연하기만 하다. 나를 알기 위해서 나에게 던지는 질문은 단순한 질문이 아니다. 나에게 몰두하고 나를 찾아가는 여정을 몸소 체험한 후에야 그다음 단계로 나아갈 수 있기 때문이다. 익숙함에서 벗어나면 모든 것이 낯설고 어렵다. 편견을 버리고, 두려움을 낮추고, 새로운 것을 반기는 마음으로 자신을 마주하자.

나답게 살자

많은 사람이 아침에 눈을 뜨면 네모 안의 세상으로 출근한다. 그곳에서 브런치를 먹고 핫플레이스를 탐방하고 패션뿐만 아니라 각종 라이프 스타일 아이템을 쇼핑하며 온종일 손안의 네모 상자 속에서 살아간다. 누가 어디를 갔더라, 누가 무엇을 먹었더라, 나도 가고 싶다, 나도 가야지, 대

깊이 들여다봐야 나다움을 발견할 수 있는 문이 열린다

리 만족하며 남들의 추종자로 살아간다. 그것도 삶을 즐기는 한 가지 방법이라고 할 수도 있다. 하지만 자신만의 색깔을 찾지 못한 상태에서 누군가를 따라 하기에만 연연한다면 평생 온전한 나 자신을 마주하기는 쉽지 않을 것이다. 그 네모 상자는 소비욕과 물욕을 자극하면서 유행하는 잇템은 꼭 구해서 가져야만 하는 데 힘을 쏟게 만드는 치열한 전투가 펼쳐지는 자본주의의 무대. 거실 또는 안방을 차지하고 있는 일명 바보상자도 한몫한다. 드라마에서 유명인이 앞머리를 자르고 나오면 드라마가 끝나기도 무섭게 가위를 들던 때가 있었다.

오래전, 어느 고등학교에 강의 갔을 때 일이다. 학생들의 앞머리가 하나같이 가관이었다. 알고 보니 그 전날 밤, 앞머리를 눈썹에 맞춰 아주 예쁘게 자르고 나온 송혜교님이 공중파를 통해 전국을 누빈 것이다. 앞머리쯤이야 쉽게 연출할 수 있다는 생각에 앞머리를 가지런히 잡고 가위질을 한 그녀들. 앞머리를 당겨서 바로 잘라버리면 댕강 이마 위로 올라가서 순심이가 되어버린다는 것을 모르고 저지른 만행이다. "넌 송혜교가 아니잖아!"라고 소리치고 싶었지만 그럴 자신도 없었고, 그냥 그녀들의 패기에 박수를 보내고 강의실을 나온 적이 있다.

그렇다. 나는 송혜교가 아니다. 나만의 스타일은 누구와도 비교할 수 없는 나다움에서 찾아야 한다. 나다움에서 찾은 스타일링이야말로 가장 아름다운 옷 입기의 출발이자 중심이다. 의사결정의 기준이 중심을 잡고 흔들리지 않는 나의 가치관이 아니라 각종 미디어를 비롯한 SNS(소셜 네트워킹 서비스)에 넘쳐나는 누군가의 이야기나 목소리가 큰 사람에게로 기울어지고 있다. SNS라는 꼭짓점에서 초연결의 정점을 찍었지만, 동시에 우리는 서로를 감각하며 접촉으로 공감하던 민감한 협응의 촉수를 잃어버렸다. 너무 쉽게 우정을 거래하고, 물건을 사는 '소비 네트워크 서비스' 안에서, 우리는 점점 내가 추구하는 스타일이나 나만의 감각적 취향이 무엇인지를 판단하는 지각이 무력해졌다.

노리나 허츠Noreena Hertz는 그의 책『고립의 시대』에서 '자신을 돌보는 사람으로서 시민의 정체성을 회복하려면, 지속적인 상호작용을 하면서 몸으로 감각할 수 있는 구체적인 현장으로 나와야 한다'고 조언한디.

밖으로 나가서 낯선 마주침의 경험이 없으면 우리들의 감각은 잠을 잘 뿐이다. 내 몸으로 겪으면서 잠자는 감각을 흔들어 깨워야 한다. 그러지 않고 SNS를 매개로 폭증하는 화려한 이미지를 거름망 없이 수용할수록 나만의 고유한 스타일을 찾을 가능성은 희박해진다. 그리고 또 타인의 시선으로 스스로를 바라보고 평가하는 사람들이 많은데 누군가 적당한 비교 대상이 있을 때 더 심하게 얽매이게 된다. 비교가 시작되는 순간 나는 사라지고 자신만의 아름다움을 발견하기 점점 더 힘들어진다. 자신을 잃어가는 지름길에 들어선 것이다. 타인과 비교하지 말고 어제의 자신을 오늘의 자신과 비교하자.

내추럴의 대명사, 자연스러운 긴 머리가 너무나도 잘 어울리는 전지현님이 광고에 단발머리로 나와서 좀 놀랐다. 분더샵 행사에 초대를 받아서 간 적이 있는데 함께 간 동생이 목소리를 듣고 전지현이라고 하길래 두리번두리번해도 그녀가 보이지 않았다. 눈썰미는 둘째가라면 서러운 나인데, 그러다가 똑 단발하고 쇼트 재킷의 슈트 차림에 운동화를 신은 키가 훤칠해 보이는 그녀가 눈에 들어왔다. 직업병 발동시켜 붙들고 구구절절

있는 그대로 바라봐야 그대의 모습이 제대로 보인다

얘기할 수 없음이 참으로 안타까웠지만, 그 또한 그녀의 이유 있는 색다른 변신이라 생각했다. 누군가를 따라 하고 흉내 내면서 나를 죽이고 타자와 획일화시키는 요즘 사람의 생각과 행동을 볼수록 안타까움을 금할 수 없다. 남들처럼 살다가 내가 누구인지도 모르고 죽는다. 칠레의 시인 파블로 네루다가 『질문의 책』에서 던진 말, "나였던 그 아이는 어디 있을까? 아직 내 속에 있을까, 아니면 사라졌을까?"를 생각해보자. 아예 사라지기 전에 처음의 나였던 그 아이를 찾아 떠나는 여행이 소중한 이유다. 옷 입기는 바로 나였던 그 아이가 남들과 비교하면서 사라진 흔적을 찾아 내면으로 떠나는 여행이다.

내가 걸어온 시대마다 스타일의 변천사는 다양하고 화려했다. 갈매기 눈썹에서 일자 눈썹, 나이아가라 파마머리에서 단발머리, 디스코바지에서 통바지, 레깅스 패션, 돌고 돌아 다시 만나게 되는 재탄생의 역사를 반복하는 패션. 어떤 것을 해도 모두 허용이 되는 개성 지상주의와 빠른 속도로 함께 갈구하는 소셜 네트워킹 서비스의 시대. 패션의 싸이클링과 시대의 변화 속에서 우리는 더더욱 나다움을 찾아야 하고 어울림에 대한 경험으로 나만의 조화로운 아름다움을 만나기 위한 감각을 깨워야 한다.

겉보기에 좋고 예쁘기만 한 아름다움도 더는 매력적이지 않으며 크게 감동할 수 없다. 외적인 꾸밈에 치중하기보다 내면의 가꿈에서 시작되는 건강하고 빛이 나는 아름다움의 가치를 몸소 느끼는 체험으로 나만의 문화를 가지게 되면 좋겠다. 멋을 부리는 데만 치중하지 않고 멋을 만들어내는 그런 자기만의 개성을 창조하는 것이 옷 입기를 통해 일상을 행복의 터전으로 만들어가는 출발점이다.

옷을 입기 전에

이 책을 어떻게 쓰게 되었느냐는 질문을 받았다. 그동안의 체증으로 쏟아낼 말은 너무 많은데, 두서없이 앞을 다투는 이유들이 자꾸만 말문을 막는다. 패션 서적이라고 하기에 'How to'도 없는 이 책에서 나는 무엇을 말하려고 하는가. 시간을 거슬러 생각해 보니 교복을 벗고 제대로 멋을 부리기 시작할 즈음, 유행을 알고 패션이라는 것에 돋보기를 들이대기 시작한 때와 만났다. 옷이면 옷, 구두면 구두, 가방, 귀고리, 목걸이, 팔찌, 반지, 헤어 액세서리, 스카프, 매니큐어, 화장품 등 내 몸에 걸치고 바르고 붙이는 것, 그러니까 몸을 치장하고 꾸미는 모든 것에 관한 관심과 애정이 유독 남달랐던 나를 만나게 된다. 어릴 적부터 옷을 좋아했고, 예쁜 것, 뭔가 디자인과 컬러가 독특한 것, 평범하지 않은 것에 더 호감을 느꼈고 나의 예리함과 예민함의 안테나는 늘 높게 치솟아 있었다. 그런 나의 남다른 감성과 감각은 대접받기보다 '별나빠졌다', '까탈스럽다'는 소리를 들으며 학창 시절을 보낸 기억이 난다. 그 나이 또래 여자들이 그러하겠지만 '미美'에 관한 모든 것이 관심사였고, 나만의 취향이 까다롭게 분명했다. 다른 학문에 그렇게 몰두하고 열정을 쏟았으면 하버드 대학에 거뜬히 합격했을 것이다. 미술대학을 졸업했는데 나의 관심사는 '패션스타일'과 '옷'이었다. 그럴 거면 의상학과를 가지 그랬냐는 말도 들었지만 나는 의상디자이너가 되고 싶은 것은 아니었다.

한복을 짓는 엄마를 둔 난 그의 바느질을 보며 자랐다. 그런 탓에 의상디자이너의 꿈은 아예 없었다. 단지 '옷'이 알고 싶었다. 내가 너무나도 좋아하고, 내게 너무나도 흥미롭고 신비스럽기까지 했던 '옷'에 대한 관심

은 '그것이 알고 싶다' 이상이었다. 내 마음에 쏙 드는 옷이나 눈을 뗄 수 없을 만치 아름다운 옷을 만날 때 느꼈던 그 설렘과 감탄, 황홀함과 환희가 그 당시 내가 느꼈던 가장 큰 행복이었는지도 모르겠다. 나는 '옷'이 어떻게 만들어지는지 알고 싶었고, '옷'을 직접 만들어보고 싶었다. 내가 패션 아카데미에서 옷을 배우고 싶다고 했을 때, 부모님은 내심 내키지 않아 하시는 눈치였다. 다림질도 싫어하고, 떨어진 단추 하나 직접 안 달아 입는 아이가 무슨 옷을 만드냐고 한두 달 다니다가 때려치울 거로 생각하셨다. 딸이 하고 싶은 것에 대해서는 반대가 없으셨던 분들이었기에 부모님의 승낙을 얻는 데에는 오랜 시간이 걸리진 않았지만, 아직도 두 분의 탐탁지 않았던 표정과 반응은 생생하게 남아 있다.

부모님의 냉랭함을 무릅쓰고 한걸음에 달려가 등록한 패션 아카데미에서 일 년 넘게 옷과 동고동락했다. 종이로 패턴을 그리고, 광목으로 샘플을 만들고, 스타일화도 배우고, 스커트와 바지를 만들어 입었다. 셔츠와 원피스도 만들고, 입을 수 있는 옷도 만들고, 입을 수 없는 옷도 만들고, 그렇게 정말 열심히 배우면서 즐겁게 즐긴 추억의 시간이다. 〈대구 패션 대전〉과 〈대전 패션 대전〉에도 출전했는데 그때 심사위원으로 오신 앙드레 김 선생님은 고인이 되셨다. 참으로 오래전 이야기다.

재킷에 소매를 달다가 그만두었다. 몸판에 소매를 붙이는 일은 여간 어려운 일이 아니었다. 그때부터 난 친구들에게 재킷은 돈을 많이 주고 사 입어야 한다는 말을 입에 달고 살았다. 그러고는 얇디얇은 천으로 몇 겹을 박아 가위질로 마무리하는 깨끼 바느질을 하시고 손수 한복을 지으시는 엄마를 더 존경하게 되었다. 그때 디자이너 선생님이 엄마에게 한복의 깨끼 바느질을 배우셨다. 나도 몇 해 전부터 한복을 배워야겠다고 생각하고는 있는데 생각만큼 쉽지 않다.

　나의 외할머니와 어머니 2대가 한복을 지으셨다. 엄마는 일손이 부족하여 힘겨워하시는 할머니를 도우면서 한복 짓는 기술을 어느 정도 터득하셨다고 한다. 엄마는 한복점을 운영하기 이전에도 솜씨가 좋으셔서 어릴 적, 예쁜 원피스를 손수 만들어주시기도 하였다. 아빠가 입으셨던 민방위복으로 오빠에게 멋진 군복을 만들어주셨던 기억이 생생하다. 골목에서 친구들과 놀다가 엄마가 부르시는 소리에 대문을 열고 들어가 마루에 올라서면 엄마는 만들다 만 옷을 내 몸에 걸쳐보고는 이리저리 손을 보셨다. 그것이 피팅이라는 것을 나중에 알았다. 형태가 없던 천이 점점 모양새를 갖추기 시작했고 반나절이 지나면 난 세상에서 하나밖에 없는 예쁜 원피스를 입게 되었다. 그때부터 난 예쁜 옷을 좋아했던 것 같다. 초등학교에 가면서 김민제 아동복, 이나래 등 그 당시 유행했던 옷을 한두 개 입기 시작하면서 패션 브랜드에 눈을 뜨기 시작했다. 시장에서 판매하는 옷보다 백화점에 진열된 옷이 더 좋다는 것을 느낀 건 시간문제였는데 시장이든 백화점이든 옷 가게 구경은 언제나 즐거웠다. 브랜드도 옷의 종류도 지금처럼 다양하지 않다 보니 같은 옷을 입게 되는 경우가 종종 있었다. 학교 같은 층에서 같은 옷을 입은 아이를 본 날은 빨리 집에 가서 옷을 갈아입고 싶다는 생각만 들었다. 그 후론 그 옷을 입기가 싫어졌다. 누구나 같음을 거부하는 경향은 있지만 유독 나는 같은 옷을 입는 것을 싫어하는 아이였다.

　걸스카우트와 보이스카우트가 유행이었던 중학교 시절, 여학생들이 하나같이 좋아하는 걸스카우트 복장보다 아람단 단복이 예뻐서 아람단에 가입했다. 난 어릴 적부터 어울림과 좋아함 사이에서 방황을 했고 무언

Robert Fairer

Karl Lagerfeld
Unseen

Thames
&Hudson

가 특별함이 있는 옷 입기를 즐기며 학창 시절을 보냈다. 누구나 입는 평범한 스타일은 거부했고, 유행이라는 이름 하에 마치 교복을 입은 듯 똑같은 옷을 입게 되는 것도 왠지 싫었다. 버버리가 대세였던 시절, 나도 버버리 한두 개는 있어야 하나 싶다가 머리끝에서 발끝까지 걸어 다니는 버버리 홍보물을 보는 순간 굿바이 버버리라는 심정으로 유행을 무조건 좇아가지도 않았다. 버버리의 타탄체크는 나에게 어울리지도 않았을뿐더러 지금도 선호하지 않는다.

고등학교 시절은 교복 세대라서 교복과 잘 어울리는 아이템이 중요했다. 천편일률 패션을 선천적으로 싫어했던 나는 유행하던 아그레망 구두도 내 맘에 쏙 드는 아그레망 구두여야 했다. 선배보다 귀고리만 커도 선배들에게 욕을 먹는다는 여대에 진학했는데 난 동기들에게 욕을 먹었다. 내가 옷을 잘 입긴 하는데 자기가 제일 잘 입는 줄 안다는 비아냥이었다. 여자들의 완벽한 질투심을 이해했기 때문에 그 말이 그다지 기분 나쁘지 않았다. 어쨌든 옷을 잘 입는다는 말이니까 오히려 웃음이 나왔다. 오히려 그들의 부러움의 시선을 즐겼는지도 모르겠다.

나는 융통성 없기로 유명하고 '경상도 고지식'으로 둘째가라면 서러운 대구에서 태어나서 자랐다. 조선 시대 선비 같은 아빠, 패션 감각이 남다른 엄마 사이에서 늘 시소타기를 해야 했다. 아빠가 보시면 기겁을 하시는 옷을 엄마는 예쁘다고 사주셨기 때문이다.

"입혀놓고 보니까 예뻐서 샀는데 아빠가 꾸중하신다."

송치로 만든 짧은 호피 무늬 반바지를 사주셨던 엄마의 말씀이다. 그 당시뿐 아니라 지금도 예사롭지 않은 옷이다. 재킷은 친구에게 빌려주고 되돌려 받지 못했고 반바지는 아직도 옷장에서 오랜 시간 잠을 자고 있다. 스무 살이 넘은 반바지이지만 이번 겨울에 꺼내 입어도 밀리지 않을 아이템이다. 매 한 번 안 맞고 자랐지만, 부모님이 무서울 때는 "난 너를 믿는다."라는 말씀을 하실 때였다. 그 말을 여러 차례 들으면서 무의식중에 나는 그런 부모님의 기대를 저버리는 행동을 하면 안 된다는 생각이 싹트기 시작했다. 잔소리 한번 없으셨던 아빠는 치마가 짧아도 엄마를 질책하셨을 뿐 나에게 직접 야단치시는 일은 없었다. 그래서 난 더 신경을 쓰고 조심스럽게 옷을 입어야 했다. 내 눈엔 정말 멋스럽게 찢어진 리바이스 청바지가 대문 앞에 버려지는 일이 여러 번 있었지만 몇 번을 주워 들어와서 부모님 몰래 입었다. 패션에 민감해지고 멋을 부리기 시작하면서 숨겨두는 옷들이 점점 많아졌고 밖에서 갈아입는 일도 다반사였다.

　　나의 패션 인생을 되짚어 생각해 보면 옷을 잘 입어서 무조건 튀어야겠다고 생각했던 건 아니었다. 남과 다른 나만의 스타일을 추구했고 즐겼던 것 같다. 무조건 유행을 따르지 않았고 그중에서도 내가 좋아하는 것을 찾아다니기를 즐기고 좋아했던 것 같다. 나는 옷을 좋아했고 스타일링이 내 맘에 쏙 드는 날엔 뭐라 표현하기 힘든 든든함을 느꼈다. 옷이 주는 만족스러움은 좋은 음식을 먹고 배를 두드리는 호사스러움과는 다른 포만감이었다.

옷이 전하는 말

　　나를 표현해주는 옷을 어떻게 입는지에 따라서 나의 이미지는 천차만별로 달라진다. 이미지 메이킹으로 시작된 외적 이미지의 변화는 자존감을 높여주고 자신감을 상승시키지만, 외적 이미지를 바꾼다고 나의 내적 이미지까지 바뀌지 않는다.

현대사회의 잘못된 모습이라고 생각되는 외모지상주의는 외모로 능력을 인정받는 시대라는 역기능적 폐해를 불러오고 있다. 한 사람에 대한 이미지는 그 사람이 입고 있는 옷, 말투, 표정, 그리고 평상시 그 사람만이 갖고 있는 독특한 컬러와 향기 등 모든 스타일을 마음속의 언어로 그려낸 그림이다. 이미지를 결정하는 소스는 다양하지만, 그중에서 한 사람의 이미지를 좌우하는 결정적인 요소로 작용하는 것이 '옷'이다. 우리가 옷 입기에 신경 써야 하는 이유 중 하나다.

문명의 이기는 인간을 나태해지게 만들었다. 우리의 생활은 점점 편리함을 추구하고 편안함을 우선시하고 있다. 패션 또한 사회적인 이슈와 경제적인 측면이 고려되면서 시간과 장소와 상황에 따라 옷을 입는 스타일링 개념이 많이 무너지게 되었다. 기업과 관공서에서 쿨비즈 룩을 선호하자 넥타이에 슈트 차림이 면접 보는 사람들의 전유물이 된 것만 봐도 알 수 있는 현상이다. 무조건 슈트만 입어야 했던 시절에 노타이셔츠 차림으로 출근을 한다는 것은 상상도 할 수 없는 일인데 말이다.

인간은 시간과 공간의 합작품이다. 사람이 어떤 사람과 어디에서 어떤 시간을 보내는지에 따라서 전혀 다른 인간으로 변신할 수 있는 이유다. 이때 어떤 옷을 입고 보내느냐에 따라 또 다른 인간적 면모가 드러날 수 있다. 그런데 이런 시간과 장소와 상황을 고려하지 않고 무조건 편리함과 편안함을 위한 옷을 입는다면 생각지도 못했던 나의 인격까지 타인으로부터 쉽게 저평가되는 경우도 있다. 사람을 대하는 기본 매너나 에티켓

오락가락 하는 내 마음, 다 이유가 있다

은 물론이고 그 사람의 인격까지 의심받는 이유는 단순히 옷을 못 입어서가 아니다. 옷을 통해 자신의 정체성을 드러내는 행위 자체의 의도와 그 사람의 인간 됨됨이까지 의문의 대상이 될 수도 있기 때문이다.

스티브 잡스는 중요한 프레젠테이션을 할 때마다 검은색 상의와 청바지를 입고 나온다. 그 옷차림은 전혀 부족해 보이지 않으며 오히려 스티브 잡스의 자기 정체성을 가장 자기답게 드러내주는 트레이드 마크가 되었다. 똑같은 장소에서 빌 게이츠가 제품 발표회를 한다면 아마 전혀 다른 옷차림으로 등장했을 것이다. 선동가 스타일에 맞는 스티브 잡스와는 다르게 빌 게이츠는 선전가 스타일이다. 모험을 즐기고 파격을 깨는 스티브 잡스와 다르게 빌 게이츠는 주어진 룰 안에서 변화를 추진하며 전통과 관례를 중시하는 모범생 스타일이다. 그래서 정장 차림에 넥타이를 매고 신제품 발표회를 했을 것이다. 빌 게이츠가 스티브 잡스처럼 까만색 티셔츠에 청바지를 입고 등장했다면 빌 게이츠의 정체성과는 전혀 어울리지 않는 모습으로 보여졌을 것이다. 옷은 내가 평소에 추구하는 삶의 철학과 가치관, 세상을 바라보는 안목과 관점들이 그것으로 시각화된다. 그래서 퍼스널 브랜딩과 직결된다. 만나는 사람과 목적, 시간과 장소에 따라 어울리는 옷을 입을 수 있는 능력은 성공한 사람만이 따르는 예외적이고 특별한 능력이 아니다. 사회생활을 하는 모든 사람은 얼마든지 자기 몸이 표현하고 싶은 욕망을 옷 입기를 통해서 구현할 수 있고, 구현해야 한다.

얼마 전까지만 해도 유명한 셰프가 오픈한 레스토랑에 드레스 코드가 있었다. 드레스 코드는 함께하는 행복한 시간을 위해 서로가 마땅히 갖춰야 할 예의범절이자 인간적 배려다. 나만 좋다고 내 마음대로 편한 복장을 한다면 그 한 사람 때문에 그날의 멋진 추억의 순간은 기억하기 싫은 악몽의 순간으로도 전락할 수도 있다. 드레스 코드를 요구하는 레스토랑은 보기 드물어진 반면 연말 사교 모임에는 초대장에 드레스 코드가 명시되는 경우가 많아졌다. '남자는 반바지를 입지 말아 달라, 여자는 오프 숄더, 어깨가 드러나는 탑을 입지 말아 달라' 또는 레드, 블루 등의 드레스 코드는 다 나름의 이유가 있는 요구사항이다. 그날 입고 들어온 복장 때문에 행사나 모임의 본질에서 벗어나는 행동으로 분위기를 흐리거나 주의집중을 방해하면서 행사에 몰입할 수 없게 만드는 심리적 장벽이 될 수도 있다. 그리고 '조리 슬리퍼를 신지 말아 달라'는 부탁 역시 격식에 맞는 신발을 신고 다니지 않으면 내가 신은 신발처럼 나도 모르게 생각하고 행동할 위험이 있기 때문이다. 하프 연주가 울려 퍼지는 분위기 좋은 호텔 라운지에서 커피를 마실 때 털털거리는 조리 슬리퍼가 커피값을 아깝게 만들기도 한다.

드레스 코드의 올바른 해석도 중요하다. 블랙 타이Black Tie는 턱시도, 화이트 타이White Tie는 연미복, 디렉터스 슈트Director's Suit는 슈트, 셔츠, 타이를 뜻하는데 올바른 해석 능력 부족으로 진짜 화이트 타이만하고 갔다는 웃을 수도 울 수도 없는 이야기가 있다.

그 시간과 공간을 가장 즐겁게 즐기는 방법은 드레스 코드를 어떻게 이해해서 잘 연출하느냐에 달려 있다. 나의 일상에 내가 정하는 나만의 드레스 코드가 있다면 나만이 초대된 파티지만 절대 외롭지 않을 것이며 나의 옷 입기는 더 흥미로울 수 있다. 나만의 드레스 코드는 자신에 대한 예의이자 성의이고 즐거운 삶의 문을 열어주는 비밀 열쇠가 될 것이다. 오늘부터라도 옷이 전하는 비밀스러운 말에 귀를 기울여보자.

내 인생의 주인공은 '나'

내 인생을 영화 한 편으로 두고 바라본다면 그 영화의 주인공은 나, 자신이며 시나리오 작가와 연출 감독도 바로 나다. 영화의 필름처럼 지나가는 내 인생의 명장면도 내가 정한다. 어떤 색을 가지고 어떠한 모습으로 살아갈지 생각해본 적이 있는가? 영화에서 주인공이 보여주는 캐릭터는 대사로도 드러나지만, 그 사람이 입고 있는 옷으로도 드러난다. 옷이 나의 정체성을 드러내는 캐릭터의 외피인 셈이다. 주인공이 어떤 시간대에 누구와 함께 어떤 장소에서 무슨 연기를 하는 상황인지에 따라 옷은 주인공의 모습을 총체적으로 드러내는 상징적 정체성이다.

스타일리스트로 일을 하면서 나는 영화에 관심이 많았고, 크리에이티브한 작업이 하고 싶어서 영화 현장에 문을 두드렸다. 그렇게 열린 문은 영화에서 배우들의 의상을 담당하는 일이었다. 시나리오를 읽고 글로 그려진 등장인물이 그의 나이, 직업, 환경과 걸맞은 옷을 입고 카메라 앞에 서서 연기를 하기까지 모든 작업이 우리의 손을 거친다. 영화 속 등장인물과도 어울려야 하고 배우와도 어울려야 하고 영화 미술의 미장센과도 잘 어우러져야 한다. 영화 속 옷 입기는 한 사람이 예쁘게 차려입고 등장하는 개인 예술이 아니다. 옷을 입고 등장하는 주인공과 다른 배우는 물론 무대와 내용 전개 방식과도 어울려야 하는 통합 예술이다. 등장인물이 무조건 예쁘거나 멋있어도 안 되는 경우도 있고, 일부러 캐릭터의 성격을 부각하기 위해 어울리지 않는 연출이 필요할 때도 있다. 등장인물의 특성은 물론 주어진 무대와 대사가 전개되는 방식과 단계별 긴장감의 강도에 따라 상황에 맞는 옷을 입어야 영화의 내러티브가 살아난다.

옷 입기는 나만의 고유함을 담아내는 예술이다

우리나라 영화에 나오는 형사는 왜 다 멋있어야 하는가? 브래드 피트를 만들어 달라, 가죽 재킷을 입혀 달라, 무조건 본인의 기준에서 멋있고 좋은 이미지부터 앞세운다. 어떤 브랜드의 옷을 입혀 달라, 어떤 영화에서 누가 입은 옷을 입혀 달라, 특정 배우가 입은 옷처럼 스타일링을 해 달라는 등 저마다의 스타일과 입맛에 맞는 옷을 입혀 달라고 요구하는 경우가 종종 있었다. 영화배우를 위한 영화인지 영화 속 주인공을 위한 영화인지 묻고 싶었지만 억울하면 감독을 해야 하는 시대였기에 입을 다물 수밖에 없었다. 흥행을 위한 노출 수위에 대한 갑론을박은 옛날 이야기지만, 영화 속 주인공의 의상과 스타일링이 다른 목적의 수단이 되기도 한다. 그래서 촬영 현장에는 감독, PD, 투자자, 매니저 등 배를 산으로 가게 하는 사공을 만날 때 작업이 가장 순탄치 않았다. 영화 속 등장인물마다 개성과 성격을 잘 살리고 그들의 감정몰입에 힘을 불어넣어 줄 수 있는 신의 한 수가 되는 의상을 입히고 싶은 것은 나만의 욕심이었다. 옷은 남이 입은 대로 따라서 입는다고 타인의 아름다움이 나에게 고스란히 전해지지 않는다. 내가 나의 무대에서 어떤 연기를 할 것인지, 내가 주인공인 나의 인생에서 어떤 메시지를 전달하며 어떤 이미지로 살아갈 것인지에 따라 나의 캐릭터가 달라진다는 것을 명심하자.

옷은 제2의 자아다

아픈 몸이 마음을 치고 아픈 마음이 몸을 해친다. 몸은 마음을 따라가듯이 몸과 옷의 관계도 그러하다. 나에게 잘 어울리는 옷이 나의 몸을 돋보이게 하고 무관심하게 내버려둔 몸과 불편한 자세는 불편한 옷으로 보임은 물론 내가 입는 옷에 대한 예의도 아니다. 몸에서 옷으로 옷에서 몸으로의 건강한 대화가 끊이지 않고 계속되어야 하고, 몸의 움직임과 바른 자세가 옷의 생명력의 원천이 된다. 나의 아름다움을 더 빛나게 해줄 옷 입기를 위한 노력은 누구에게나 필요한 것이고 나이가 들어가면서 일어나는 모든 변화를 함께 순응하는 것이다. 특히 여성들의 경우 임신과 출산, 육아와 함께 가장 큰 신체적 변화를 겪게 된다. 사람마다 다르지만, 산후 비만을 동반한 합병증과 후유증, 산후 우울증까지 생명의 탄생으로 얻는 경이로움과 아이가 주는 기쁨만큼이나 혹독한 대가를 치른다. 인생의 시기별로 내 몸이 변하는 미묘한 움직임에 주목하고 그에 따른 옷을 입기를 시도할 때, 옷 입기는 그냥 내 몸에 맞추는 치장이 아니라 내 몸과 옷이 끊임없이 대화를 나누면서 이상적인 나의 스타일을 찾아가는 자기 발견의 여정이다. 내 몸을 사랑하는 사람만이 내 몸의 미묘한 변화를 감지할 수 있다. 미묘한 몸의 변화를 포용하는 옷 입기가 이루어지려면 옷과 몸이 부단히 대화를 나눌 수 있도록 마음을 열어 놓아야 한다. 옷은 몸에게 몸은 옷에게 주는 메시지를 수용하고 인정할 때 옷과 몸은 별개의 독립적인 개체가 아니라 함께 더불어 살아가는 혼연일체渾然一體가 된다.

"처녀 때에는 안 그랬는데 아들 둘 낳아 기르고 나니 난 옷을 입은 게 아니라 포대기로 몸을 가리고만 다녔더라고요."

스타일링 컨설팅 3회차, 옷장 디톡스 시간에 고객님이 한 말이다. 갑자기 살이 쪄서 입을 옷이 없다거나 다이어트는 매번 실패하고 운동에 전혀 관심이 없는 사람들은 고개가 저절로 끄덕여질 것이다. 옷이 대충 맞기만 하면 몸에 다 걸칠 수는 있지만, 그 옷이 나에게 행복을 전해주는 옷

은 아니다. 아무렇게나 입고 포대기로 몸을 가리고 나간들 내 인생에 큰일이 일어나는 것도 아니고 크게 뭐라고 하는 사람도 없다. 하지만 포대기가아닌 옷을 입은 사람과 비교되기 시작하면서 자신의 모습을 보는 본인 스스로가 자신을 병들게 한다. 자존감은 점점 바닥으로 떨어지고 포대기를벗어던질 자신감마저 잃어가는 것이 문제이다. 어두운 맨홀 안에서 방황하며 옷 입기에 대한 두려움이 점점 커지면서 마음의 문에 빗장이 채워지는 순간이 온다. 나에게 어울리게 잘 차려입은 모습으로 외출할 때 일어나는 어메이징한 일들에 대해서는 직접 해보지 않고서는 알 수 없다. 꽃은 꺾어서 꽃병에 담을 수 있지만 봄은 담을 수 없는 것처럼 말이다. 옷을 위한움직임과 그 움직임을 잘 표현해주는 옷을 입기 위해서는 아름다운 몸과바른 자세, 건강한 마음, 사물을 바라보는 나만의 시선, 나에게 잘 어울리는 무언가를 찾아내는 안목이 중요하다.

건강한 몸과 마음으로 나를 더 아름답게 표현하는 행복한 옷 입기와 오롯이 나에게 집중하는 시간은 매일의 작은 즐거움이 된다. 인간이 더행복할 수 있는 유일한 공간은 외부가 아니라 내부라고 말한다. 행복은 내안에 있다. 옷은 없었던 힘도 불끈 솟아나게 하는 활력의 원천이자 활기를북돋우는 자극제다. 특히 내가 좋아하는 옷을 어울리게 입어서 나다움이가장 잘 드러날 때, 옷은 '제2의 피부'를 넘어서 행복한 '제2의 나'가 된다.옷은 나의 정체성을 드러내는 제2의 자아다.

자기다움을 찾은 사람,
옷 입기부터 달라

주변에 남다른 경지에 이른 사람, 누가 봐도 아름다움을 스스로 창조하며 자기다움을 드러내는 사람, 성공을 넘어 끊임없이 성장을 추구하는 사람들의 공통점은 옷 입기가 색다르다는 점이다. 비싼 옷을 입고 치장하기보다 저렴한 옷일지라도 자기다움을 드러내기에 적합한 옷을 의도적으로 찾아 입는다는 게 매력 있는 사람들의 공통점이다. 그들은 남이 옷을 입어온 관습을 무조건 좇아가지 않고 자신이 옷을 입는 습관을 창조한 사람들이다. 그들은 옷을 입는 기술이 남다른 게 아니라 옷으로 자기다움을 창조하는 예술가에 가깝다. 자기다움을 찾은 사람들은 옷을 꾸미기의 수단으로 입지 않고 가장 나다운 고유함을 가꾸기 위해서 입는다.

　　자기다움을 찾은 사람들은 옷 입기를 통해 없는 힘을 과시하기 위한 힘주기가 아니라 옷을 통해 내면의 힘을 드러내려는 힘입기에 가깝다. 나아가 자기다움을 찾은 사람들은 옷을 날개로 생각하지 않고 나만의 고유한 개성을 발견하는 여정에서 보여주는 날기로 생각한다. 자기다움을 찾은 사람들은 옷 입기를 사치로 여기지 않고 자기다움을 창조하는 가치로 생각한다.

　　과정보다 결과와 성과를 더 중요시하는 사회 속에서 더 나은 내가 되기 위해 고민하고 애는 써보지만, 타인의 시선에 연연하느라 하고자 하는 일에 집중하기도 힘든데 나 자신에게 몰입은 먼 나라 이야기다. 반드시 옷을 잘 차려입어야 하는 것은 아니다. 매일매일 똑같은 청바지에 티셔츠 하나만 입고도 행복하다면 살아가는 데 큰 문제는 없지만 잠시 주변으로 고개를 돌리면 옷을 잘 차려입어야 하는 이유가 너무 길게 줄을 선다. 자신을 가꾸지 않는 무관심의 태도로 인해 외적인 이미지가 가벼워 보인다고 내면까지 가벼운 사람이라고 할 수는 없다. 겉모습을 통해 전달되는 이미지는 온전한 내 마음이 아닌 가꾸지 않은 게으른 마음을 먼저 들여다보이게 하므로 내 마음이 훼손되지 않을 만큼은 신경 써서 입을 필요가 있다.

재능 vs 능력

옷 입기도 습관이자 능력이다. 평상시 나를 가장 아름답게 드러내는 패션과 스타일링은 매일매일 반복해서 다양한 시도를 하면서 몸으로 익히는 소중한 공부이기도 하다. 특정한 경우에는 나의 의지와 무관하게 내 몸에 입히기를 기대하는 옷도 있지만, 나만의 스타일은 내가 직접 겪으면서 몸으로 배우고 익혀야 하는 경험 미학이다.

오늘은 강의하는 날이라서, 오늘은 고객과 동행 쇼핑이 있는 날이라서, 편하게 입고 싶은 주말이지만 오늘은 결혼식을 가야 해서 등등 우리들의 옷 입기는 어떤 규제와 이유의 굴레 속에서 나의 의지와 무관한 스타일링을 원하기도 한다. 변화무쌍한 기후의 영향으로 산이 더 아름다울 수 있고 계절과 날씨에 따라 다른 자태를 보여주는 자연처럼 우리들의 옷 입기도 상황에 따라 기분에 따라 온도의 차이를 잘 표현할수록 외면뿐만 아

뒷모습은 그 사람의 속일 수 없는 진면목이다

니라 내면까지 나만의 색깔을 지닌 사람이 된다. 색다른 나를 만난다는 것은 나에게 가장 잘 어울리는 것에 대한 경험으로 나의 매력을 돋보이게 하는 아름다움의 조화를 찾아가는 과정이다. 틀에 박힌 방식으로 늘 입던 옷만 반복해서 습관적으로 옷을 입으면 내가 옷을 입는 게 아니라 옷이 나를 입고 외출하는 꼴이 된다. 내 몸이 옷을 입고 나를 드러내는 게 아니라 옷이 나를 입어버린 다음 나다운 개성과 고유함을 덮어버리는 것이다.

하루 일과를 마무리하고 집에 돌아오면 허물을 하나씩 벗는다. 외출복을 벗어던지고 몸에 걸쳤던 액세서리를 풀어놓고 종일 나의 손에 쓸려 다녔던 머리카락은 고무줄로 하나가 되는 시간, 세수하기 직전은 완전 무장해제 된 곳에서 색다른 나를 만나는 시간이다. 세수하기 전에 난 가끔 화장놀이를 하곤 한다. 내 기분이 내키는 대로 이렇게 저렇게 나름의 시도를 해보는 것이다. 늘상 하던 스타일이 아닌, 마음껏 화장을 해봐야 나에게 어울리는 화장 스타일과 컬러, 짙기의 농도, 화장마다 달라지는 나의 이미지 등을 알 수 있다. 세수를 하기 전이니 그 어떤 화장도 용납이 된다. 펜슬 아이라이너, 리퀴드 아이라이너, 아이라이너에 아이섀도를 올려보는 등 그 어떤 메이크업도 다 해볼 수 있고 얼마든지 망쳐도 괜찮다. 누가 보면 잘 밤에 뭐하는 짓이냐고 하겠지만 스스로 나의 다양한 모습을 접해보는 직접 경험만큼 소중한 것은 없다. 나에게 무엇이 잘 어울리는 화장인지를. 이런 화장놀이는 몸으로 하는 행위이지만, 또 한편 몸으로 하는 나와의 대화이기도 하다. 우리는 입을 통한 언어로만 대화할 수 있는 것은 아니다.

아름다움은 선천적으로 타고난 재능에서 비롯되기보다 후천적으로 노력하면 생기는 능력이다. 옷 입기도 마찬가지다. 평소에 꾸준히 나에게 어울리는 옷 입기를 시도하다 보면 나도 모르게 옷 입기에 대한 안목과 식견이 생기고 이전과 다른 능력도 생기기 때문이다.

기술 vs 예술

기도하면서 무릎을 꿇고 자신을 성찰한 경험이 있을 것이다. 차분히 앉아서 명상할 때가 아니면 자기 내면을 들여다보며 자신과 대화를 나누는 경우는 거의 없다. 운동을 할 때에는 자기 몸을 뚫어져라 쳐다보게 된다. 운동을 하면 몸에 집중하게 되는데 옷 입기를 하면서도 그와 같은 작용이 일어난다. 하지만 옷장을 열어두고 전신 거울 앞에 서서 나를 바라보는 일은 드물다. 운동은 몸으로 촉각과 통각, 시각을 느끼는데 옷 입기에서도 시각으로 나의 몸과 모습을 보고 닿는 촉각과 압박(통각)으로 내 몸을 인지한다. 운동이 우울증에 도움이 되듯 옷 입기도 자존감을 높이며 우울증을 해소해준다. 우울하거나 심리적, 인지적 문제가 발생할 때 개인위생이 잘 지켜지는가를 체크한다고 한다. 나에게 잃는 것이 생기면 씻고, 활동하고, 스스로를 돌보는 것이 중요한 부분을 차지하기 때문이다.

빅터 프랭클 박사는 그의 책 『죽음의 수용소』(빅터 프랭클 지음, 이시형 옮김, 청아출판사, 2020)에서 '죽음의 수용소'에서 갇혔을 때 희망을 잃지 않고 견디던 사람을 살펴보니, 열악한 환경 속에서 마실 물도 부족한데 헝겊으로 양치를 하고 머리를 정리하는 등 인간의 존엄성을 지켰고 그들은 끝까지 삶의 희망을 놓지 않았으며 죽어가는 사람들 사이에서 살아남았다고 한다. 미루어 보면 옷 입기가 나를 가꾸는 행위에 포함되므로 나를 지키기 위해 자발적으로 하는 중요한 행동 중 하나라고 할 수 있다. 인간의 존엄성과 나의 정체성을 위해서도 옷 입기는 중요하지 않을 수 없다.

우리는 타인과 대화하는 시간은 많아도 나 자신과 대화하는 시간은 점차 잃어가고 있다. 특히 바쁘게 생활할 때일수록 내 안에 있는 나와 마주하는 시간은 더욱 필요하다. 스스로를 제대로 마주하고 집중하는 시간을 갖지 않으면 내가 누구인지, 도대체 무엇을 향해 달려가고 있는지 알 길이 없다. 속도는 빨라지는데 방향감을 잃은 채 전속력으로 달려가는 위험한 행위를 반복한다고 가정해보자.

나를 바쁘게 만드는 외부 요인은, 생각하며 옷을 입는 습관에도 부정적인 영향을 미치는 요인으로 부각된다. 그럴 때일수록 옷을 잘 입어야 한다고 말하면 부정적인 선입견을 품고 있는 사람들은 겉치레니 허영이니 뻔지르르한 이미지를 떠올리는 듯하다. 나는 옷 입기에 대한 부정적인 선입견이나 편견을 깨고 옷을 입는다는 것의 진정한 의미와 가치를 올바르게 알려주고 싶은 문제의식을 느끼고 있다.

천편일률적인 옷 입기와 외장에만 치중하는 옷 입기를 강조할수록 외모지상주의와 같은 본말전도 현상이 일어날 가능성이 크다. 옷 입기의 진정한 의미는 참된 나의 모습을 찾고 그런 나를 더욱 돋보이게 해주는 옷을 입음으로써 자존감과 자긍심을 높이고 행복한 삶을 찾아갈 수 있도록 도와주는 것이다. 옷 입기는 내가 누구인지를 드러내는 자기 정체성 찾기와 마찬가지다. 한번 주변을 살펴보자. 평범한 옷이지만 자기 정체성을 잘 드러낼 수 있도록 옷을 입는 사람이 있는가 하면, 명품 옷을 입고도 그 사람의 이미지는 그렇지 않아 보이는 사람도 있다. 자기 몸에 맞지 않는 옷을 입으면 겉으로 드러나는 이미지만 구기는 것이 아니라 그 사람의 내면, 즉 인격 또는 품격까지도 의심을 받게 된다. 옷 입기는 숨은 인격을 드러내는 노력이며 품격을 높이는 자기 돌봄이다. 자신을 사랑하는 사람일수록 자신의 이미지나 정체성에 잘 맞는 옷을 골라서 입으려고 노력한다. 그래서 옷 잘 입는 기술을 배울 것이 아니라 나다움을 가장 잘 드러낼 수 있는 예술적 본능을 찾아가는 법을 배워야 한다.

옷 입기는 내가 어떠한 타입인지를 알아보는 진단법 또는 단순한 유형 분석의 통계로 얻은 기준에만 충실한 기술이 아니다. 넌 각선미가 매끈하니까 치마를 입으라든가 긴 목선을 살리는 터틀넥을 입어라, 스카프를 잘 활용하라는 등 일반적인 패션 법칙은 단면적일 뿐이다. 옷 입기는 일반화하여 일방적인 처방전으로 해결할 수 없다. 다시 말해, 옷이 내 몸에 잘 맞는지, 내가 추구하는 이미지에 잘 맞는지 등을 몇 가지 법칙이나 통계 자료에 근거해서 일률적으로 판단할 수 없다. 옷 입기야말로 저마다의 개성에 부합하는 예술적 본능이 작동하는 직관적 메커니즘을 따른다. 다양한 진단 자료와 몇 가지 통계 트렌드에 따르는 처방전은 무의미하다. 한 사람의 정체성이 고유한 개성으로 드러나는 옷 입기는 그래서 기능적 선택의 문제가 아니라 직관적인 판단에 근거하고 감각적 자극을 따라가는 예술적 재능에 가깝다. 패션에 절대적인 법칙은 존재하지 않는다. 존재할 수도 없고, 존재해서도 안 된다고 생각한다. 발전이 없는 얄팍한 스킬만 존재할 뿐이다.

스타일 검진을 하는 동안 나는 고객이 입고 온 옷과 착용한 액세서리를 보면 그 이유를 알겠는데 정작 본인은 그것을 인지하지 못하는 경우가 많다. 왜 선택했는지, 왜 이것이 아니면 안 되는지에 관한 생각으로 나

저마다의 자리에서
고통으로 피워낸 시련의 산물

의 옷 입기 역사를 거슬러 올라가볼 필요가 있다. 나는 어떤 걸 선택해왔는지, 왜 선택했는지를 돌아보면 아무런 이유 없이 유지해온 것들과 이유가 있는 것들이 구분된다. 그 이유 안에서 우리는 색다른 도전을 시도하기 위한 예술적 본능을 찾아가는 방법을 스스로 터득할 수도 있다. 책을 읽는 독자들은 어떻게 하면 현명한 선택을 할 수 있을지 고민할 것이다. 이러한 고민은 좋은 출발점이다. 나와 한 몸이 되는 모든 것에 대한 사소한 선택의 이유를 놓쳐서는 안 된다.

꾸미기 vs 가꾸기

나에게 잘 어울리는 진실한 옷 입기에 관한 이야기는 왜 자기자신을 찾기 어려운 것일까? 옷 입기는 곧 기술이나 기교의 문제라서 일정한 기능만 쌓으면 저절로 되는 것처럼 생각하기 쉽다. 하지만 옷 입기는 자기를 정말 사랑하지 않고서는 잘해내기 어렵다. 나의 진정한 모습을 가장 아름답게 드러낸다는 것은 자기 배려이자 자기 사랑이기 때문이다. 자기를 정말 사랑하는 사람은 아무 옷이나 막 입지 않는다. 평범한 옷이라도 나를 잘 드러내는 방식으로 꾸준히 노력한다. 옷을 잘 입는다는 것은 나를 잘 가꿀 줄 아는 사람이 되기를 바라는 마음의 소망이다. 나를 잘 가꾸는 것은 곧 나의 힘을 기르는 것이라고 생각한다. 옷은 나를 꾸미는 장식품이 아니라 나를 가꾸는 필수품이다. 꾸미는 건 없는 걸 있는 것처럼 치장治粧하고 포장包藏하는 것이고, 가꾸는 건 나다움을 더욱 나답게 드러내는 주장이자 성장이다. 꾸미는 건 겉모습이 마음에 들지 않아서 포장包裝하거나 화장化

粧, 가장假裝, 위장僞裝하는 것이다. 이에 반해 가꾼다는 건 겉모습만 바꾸는 것이 아니라 내면이나 본질적 속성을 이전보다 더 아름답게 만들고자 하는 안간힘이자 애쓰기다.

『지식생태학자 유영만 교수의 생각 사전』(유영만 지음, 토트출판사, 2014)에 보면 꾸미기와 가꾸기의 차이가 선명하게 드러난다. 가꾸는 노력은 본래 가지고 있는 성질이 잘 드러나게 하거나 더 낫게 하는 일이다. 반면에 꾸미는 일은 본래 가지고 있는 것을 살리는 의미보다 어떤 것을 덧붙이거나, 본래의 성질을 변화시켜 다른 것이나 새로운 것을 만들려는 인위적이고 조작적인 의미가 강하다. 사람은 가꿀 게 없다는 판단이 들면 꾸미기 시작한다. 뭔가를 꾸민다는 건 지금 모습으로는 누군가에게 보여줄 게 없어서 없는 것을 있는 것처럼 위장하는 것이다. 꾸밈이 없고 본연의 정체가 드러날 때 그 사람의 진면목을 볼 수 있다. 없는 것을 있는 것처럼 꾸미지 말고 본래 내가 가지고 있는 가능성과 재능을 가꿔야 '나다운 나'가 된다. 꾸미는 것은 외관과 형식을 중시하지만 가꾸는 것은 본질과 본성에 중점을 둔다.

꾸미기 시작하는 사람과 가꾸기 시작하는 사람은 시간이 흐르면서 그 차이가 더욱 크게 벌어진다. 꾸미는 사람은 더욱 화려하게 치장하고, 가꾸는 사람은 더욱 치열하게 내면을 파고든다. 꾸미는 사람은 남에게 보여주기 위해 수단과 방법을 가리지 않고, 가꾸는 사람은 오로지 자기다움을 표현하는 데 많은 시간과 노력을 투자한다. 꾸미는 사람은 꾸밈으로 남과 다른 차별화를 추구하지만, 가꾸는 사람은 꾸밈없이 가꿈으로 본연의 모습을 드러내는 데 전력투구한다.

꾸밈은 속임이지만 가꿈은 드러냄이다. 꾸미는 사람은 이전과 다른 방법으로 다른 사람이 눈치채지 못하게 절묘하게 포장하는 데 주력하지만, 가꾸는 사람은 이전과 다른 방법으로 자신의 정체성이 무엇인지 집요하게 파고든다. 꾸밈은 우렁찬 외침이지만 가꿈은 조용한 속삭임이다. 꾸미는 사람은 보다 큰 소리로 자신을 봐달라고 외치지만, 가꾸는 사람은 그저 주어진 자리에서 자신의 진면목을 다듬는 데 조용하면서도 치열하게 노력한다. 지금 당신은 꾸미고 있나, 가꾸고 있나. 꾸미는 사람은 남에게 보여주기 위해 수단과 방법을 가리지 않고, 가꾸는 사람은 오로지 자기다움을 표현하는 데 많은 시간과 노력을 투자한다. 꾸미는 사람은 꾸밈으로 남과 다른 차별화를 추구하지만, 가꾸는 사람은 꾸밈없이 가꿈으로 본연의 모습을 드러내는 데 전력투구한다. 꾸미는 사람은 자신만의 컬러와 스타일이 없는 것을 감추기 위해 위장하고 변장한다. 가꾸는 사람은 자신만의 독창적인 컬러와 스타일이 더욱 드러나게 노력하는 사람이다. 꾸밀수록 자신의 본질이 감춰지지만 가꿀수록 자신만의 색다름이 드러난다.

　　꾸민다는 것은 자신이 없기 때문에 감추는 행위이지만 가꾼다는 것은 이전과 다른 나의 모습으로 변신하기 위해 어제와 다르게 노력하는 모습이다. 꾸미는 사람은 남다르기 위해 노력하면서 자기만의 색깔을 잃어버린다. 가꾸는 사람은 전보다 잘하려고 노력하면서 자기만의 색깔을 더욱 드러낸다. 『이런 사람 만나지 마세요』(유영만 지음, 나무생각, 2019)에 보면 꾸미는 사람과 가꾸는 사람의 현격한 차이가 나온다. 꾸미는 사람은 남다름을 추구하고 가꾸는 사람은 색다름을 지향한다. 남다름은 추구할수록 더욱 치열한 경쟁 가도에 진입하지만 색다름은 추구할수록 더욱 치열한 자기 연마에 돌입한다. 꾸밀수록 꿈에서 멀어지지만 가꿀수록 꿈에 점차 가까워진다. 꾸미는 사람은 자기 색깔을 감추려는 컬러링coloring을 좋아하지만 가꾸는 사람은 자기 색깔을 더욱 드러내는 컬러풀colorful을 선호한다. 컬러에서 나온 두 가지 형용사, 즉 자신을 위장하는 컬러링과 자신을 위대하게 만드는 컬러풀은 지향하는 바가 전혀 다르다. 옷 입기는 남다르게 꾸미는 노력이 아니라 색다르게 나를 가꾸는 노력이다. 나를 바꾸는 비밀은 꾸밈이 아니라 가꿈에서 나온다.

자기다움이 드러나는 아름다움은 없는 것을 억지로 꾸민다고 해서 나오지 않고 고유한 개성과 자기 정체성을 고스란히 드러내는 가꾸기에서 비롯된다. 내가 소중하다고 생각하는 가치임에도 남의 가치를 따라가면 사치를 부리다가 내가 아니라 다른 사람의 욕망을 욕망하는 허망함에 빠져버리기도 한다. 내가 아닌 나를 욕망할 때 나다움은 영원히 드러나지 않는다. 옷 입기는 나를 감추고 포장하며 치장하는 꾸미기가 아니라 나다움을 드러내며 가장 자기다운 정체성을 숨김없이 드러내는 가꾸기다. 나답게 살아가려고 노력하는 사람인지, 가장 참다운 나에게 어울리는 옷 입기를 시도하고 모색하고 있는지, 한번쯤 곰곰이 생각해볼 문제가 아닐 수 없다.

힘주기 vs 힘입기

옷 입기는 힘입기다. 옷 입기는 남에게 과시하는 힘주기가 아니다. 물론 남들이 쉽게 입지 못하는 옷을 입고 자기 과시욕에 자신도 모르게 사로잡힐 수 있다. 하지만 옷 입기는 없었던 힘을 자랑하기 위한 노력이 아니

오리무중했던 세상,
오색찬란한 옷 입기로 희망을 건져 올리다

라 내면에 잠자고 있는 힘이 옷을 만나는 순간 자연스럽게 보여주는 드러내기다. 옷을 잘 입어야 힘을 입을 수 있다.

'힘입다'를 사전에서 찾아보면 '어떤 힘의 도움을 받다', '어떤 행동이나 말 따위에 용기를 얻다', '어떤 것의 영향을 받다'로 풀이하고 있다. 옷만 잘 입어도 그 옷 덕분에 없었던 힘이 난다, 옷으로 인해 용기를 얻는다, 그 옷이 주는 영향력으로 색다른 힘을 얻을 수 있다. 일로 한껏 작아진 나에게 잘 어울리는 옷을 입으면서 없었던 힘이 생기는 것이다.

이런 점에서 옷은 생각의 날개다. 똑같은 생각도 어떤 언어로 표현하는지에 따라 전혀 달라지듯, 보이지 않는 사람의 인격이나 품격도 어떤 옷을 입는지에 따라 힘을 입을 수 있고 못 입을 수도 있다. 옷을 잘 입어야 힘도 잘 입을 수 있다.

힘입다는 말이 주는 뉘앙스는 그만큼 보이지 않았지만 어떤 계기로 인해서 없었던 힘이 생긴다는 의미도 내포하고 있다. 예를 들면 '그 색감이 아기자기한 모양새에 힘입어 돋올하게 선명하다', '수해 복구 작업은 각계의 지원과 성금에 힘입어 수월하게 진척될 수 있었다'라는 표현을 보면 힘입다라는 말이 얼마나 아름다운 우리말인지를 알 수 있다.

자신이 입는 옷에 대해서, 스타일링에 대해서 얼마나 만족하는 오늘인가? 얼마나 만족하며 하루를 살고 있나? 입은 옷이 마음에 들지 않는 날에는 빨리 집에 들어가고 싶거나 친구들과의 약속도 시큰둥해지고 만나자고 걸려오는 전화도 반갑지 않은 기분이 든다. 오늘의 스타일링이 마음에 들거나 예쁘다는 소리를 많이 듣는 날에는 나의 바이오리듬도 함께 춤을 춘다. 그만큼 옷 입기는 나 자신에게 힘을 주는 힘입기이자 구체적이고 친절한 자기 배려의 아름다운 모습이기도 하다.

날개 vs 날기

옷을 잘 입으면 기분이 좋고 신이 나고 날개를 달고 날아가기 시작한다. 옷만 잘 입어도 힘을 입을 수 있어서 그 힘으로 하늘 높이 날아오를 수 있다. 예쁘게만 차려입은 옷은 날개가 되지만 나에게 잘 어울리고 나를 더 돋보이게 하는 옷은 날갯짓을 한다. 옷으로 가장 나다움을 표현하면 옷이라는 날개에 에너지를 불어넣어줌으로써 하늘로 날아오를 수 있어 '날기'가 된다. 날아오르려면 더 높이 더 멀리 날아가는 힘을 길러야 한다. 그 힘은 어디서 나오는 것일까? 가장 나다운 모습을 발견했을 때, 그 모습에 걸맞은 옷을 입었을 때 사람은 공중 부양하는 마력을 지니고 그 누구도 쉽게 넘볼 수 없는 매력을 지니게 된다. 날개가 있어야 날기가 가능하지만, 날개만 있다고 날 수는 없다. 날개는 날기를 위한 도구, 필요조건에 불과하다. 아무리 좋은 날개를 달아줘도 도달하고 싶은 꿈의 목적지가 없거나 날고 싶은 강렬한 욕망이 없다면 그 날개는 무용지물이다.

자기 몸에 맞는 날개를 달았을 때 그냥 땅 위를 걷고 싶지 않다. 왠지 발걸음도 가볍게 공중 부양하고 싶은 강렬한 충동을 느낀다. 옷은 아무 생각이 없던 나에게 날고 싶은 충동을 자극하기도 한다. 나만의 꿈의 목적지로 날아가고 싶은 욕망은 일순간의 충동질이 아니다. 내면에서 잠자고 있다가 외부에서 자극을 받으면 꿈틀거리는 것이 바로 인간의 욕망이다. 욕망은 사람을 살아 있게 하는 원동력이자 끊임없이 뭔가를 추구하게 만드는 추동력이다. 옷을 잘 입고 싶다는 욕망, 그런 옷을 입고 내 꿈을 향해서 날아가고 싶다는 욕망은 아직도 내가 살아 있다는 증거다. 그런 욕망이 꿈틀거리는 사람이야말로 가장 매력적인 사람이고 매력을 넘어 마력을 지

옷은 '날개'가 아니라 '날기'다

보이지 않는 배경이
전경의 아름다움을 드러낸다

닌 사람이다. 아름다운 날개로 날기를 부추기는 욕망은 나만의 매력이 되어 스타일로 태어난다. 그래서 뭐라 단정 지어 말할 수 없지만 왠지 끌리는 매력이 그 사람의 스타일이 된다.

사치 vs 가치

옷이나 몸을 장식하는 무언가에 과하게 관심을 쏟거나 화려한 치장을 한 사람들에게 사치스러운 옷차림이라는 수식어가 붙는다. 사치스러운 옷차림은 바라보는 관점에 따라 다를 수 있으나 긍정적인 이미지보다 부정적인 이미지가 더 강하게 작용한다. 그렇다고 나의 가치를 얻기 위한 작은 사치small luxury까지도 나쁘다고 말하는 게 아니다. 작은 사치를 통해 진정한 나의 옷 입기 스타일을 마침내 찾아낼 수도 있기 때문이다. 현대 사회에서 사치는 부정적인 것으로 인식되기도 하지만, 개인의 만족과 행복을 위한 수단으로 본다면 긍정적으로 보이기도 한다. 과거에는 지배층이 주로 사치를 부렸으나, 개인주의가 퍼지고 산업화가 진행되며 일반 대중도 크고 작은 사치를 부릴 수 있게 되었다.

스몰 럭셔리는 MZ세대의 자신을 위해서라면 기꺼이 투자하는 구매심리가 낳은 작은 사치이자 큰 행복감으로 화두되고 있다. 작지만 예쁜 물건을 구매해 느끼는 큰 행복감은 빅 럭셔리 못지않은 만족감을 준다고 한다. 자신을 지나치게 포장하거나 과시하는 사치가 아니라 자기만족을 추구하면서 다양한 시도를 하는 작은 사치는 옷 입기의 잔잔한 즐거움을 통해 마침내 나의 가치를 가장 잘 드러내는 옷 입기 방법을 터득하는 계기가 될 수도 있다.

어떤 사람이 황금색 가운을 선물 받았는데 자기 물건들과 맞지 않아 그 황금색 가운과 맞추기 위해서 기존 물건들을 하나씩 바꾸기 시작하면서 걷잡을 수 없는 과소비를 하고 말았다는 일화가 있다. 이 일화에서 자기 분수에 맞지 않게 사치를 하면 안 된다는 교훈을 끌어낼 수 있다. 그런데 좀 더 생각해 보면 이 사람이 과소비를 한 이유는 자기 감성과 취향을 명확하게 모르고 있는 상태에서 무조건 황금색 가운에 맞춰 소비했기 때문이고, 어울림과 조화로움에 대한 감각적 각성 없이 사들였기 때문이다. 꼭 비싼 옷을 사서 입기 때문에 옷 입기가 사치로 흐르는 것은 아니다. 그 결정적인 출발점은 나에게 어울리는 옷으로 나다움을 드러내려고 노력하는 게 아니라 누군가 입은 옷이 멋져 보이거나 누군가 일방적으로 처방해 준 패션 법칙을 따를 때 시작된다. 사치로 옷을 입을수록 가격을 중시하지만, 가치로 옷을 입을수록 자기만의 품격을 중시한다.

내가 구입하는 옷들이 나와 결이 맞아야 한다. 나와 결이 맞아야 한다는 말의 의미는 그 옷을 입으면 누가 봐도 그 사람에게 어울릴 뿐만 아니라 그 사람의 고유한 개성을 잘 드러내야 한다는 뜻이다. 옷의 가치는 가격으로 결정되는 게 아니라 옷과 옷을 입은 사람의 조화로운 아름다움에서 비롯된다. 옷이 지니는 가치를 찾는 것뿐만 아니라 옷이 주는 경험의 가치까지 누릴 때, 옷의 가치는 극대화된다. 단순히 '브랜드' 하나만 보고 남들이 사니까 나도 사야 하는 식의 구매는 가장 사치스러운 옷 입기의 시작이라 할 수 있다.

옷 입기를 통해 사치를 부릴수록 자신은 감춰지지만, 가치를 찾는 옷 입기를 지속할수록 자기다움이 드러난다. 사치는 한 사람의 정체성을 과대 포장하거나 위장함으로써 본모습을 가려버리는 역효과를 초래한다. 반면에 가치를 찾는 옷 입기를 지속할수록 자신도 몰랐던 개성과 스타일을 찾아낼 가능성이 커진다. 시간이 지날수록 사치는 사장되지만 가치는 높아진다. 사치는 구매하는 순간 만족감이 극대화되고 그 후부터는 만족감이 떨어지기 마련이다. 그래서 다른 사치를 통해 이전과 유사한 만족감을 추구하는 악순환을 거듭한다. 반면에 가치는 추구하면 추구할수록 이전의 값어치를 능가하기 시작한다. 옷 입기의 가치는 자기다움을 드러냄으로 오로지 자신에게만 어울리는 개성을 찾아낼 때 빛을 발하기 시작한다. 내 본모습을 감추기 위해 사치를 부리면 나의 본래 정체성은 사장된다. 나의 모습을 가꾸려고 노력하는 사람은 사치스럽게 포장하지 않고 자기 본모습을 드러내는 가치로 삶을 운치 있게 만드는 옷 입기를 시도한다. 누가 뭐라 해도 나의 가치는 내가 정한다. 나의 모든 것을 사랑할 수 있는 건 나뿐이다. 내가 나를 진정으로 사랑할 때 나다운 면모를 가장 아름답게 드러내는 옷 입기의 가치가 드러난다.

사치는 혼자 해도 치장할 수 있지만, 가치는 같이 해야 더욱 그 값어치가 빛난다. 사치는 타인의 욕망을 욕망할 때 시작된다. 옷 입기의 가치는 그 옷의 가치를 인정해주는 다른 사람과 같이 행복감을 나눌 때 배가된다. 사치는 해도 해도 오히려 갈망이 더 심해지지만 가치는 추구할수록 자기실현 욕망이 충족된다. 사치는 꾸미기를 통해 자기 색깔을 감추지만, 가치는 가꾸기를 통해 자기 색깔을 드러낸다. 내가 소중하게 생각하는 삶의 가치와 나다움을 드러내는 옷 입기가 부합될 때 비로소 행복을 만끽할 수 있다. 옷 입기를 사치가 아니라 가치로 생각하는 가치관의 전환이 일어나야 하는 이유다.

옷에 대한 까다로움이
필요한 이유

난 예민한 기질이 있다. 어릴 적 옷을 세탁소에 보냈다가 여러 번 세탁 사고가 있었다. 그때엔 세탁 기술이 지금 같지 않았고 나의 예민하고 별난 기질로 구매한 옷은 세탁소에서도 별난 취급을 받아야 했다. 엄마도 '네가 별난 옷을 사서 그러하다'고 하셨다. 예민한 사람에 그치는 것이 아니라 예민함의 안테나를 낮추어도 계속 거슬렸던 부분을 자세히 나열해 보면 그 부분에서 개선하고자 하는 욕구가 큰 사람이다. 까다롭게 좋아하는 것이 이유 있는 예민함인지 또는 이유 없는 것인지 생각해볼 필요가 있다. 무심코 지나갔던 것들도 생각해서 적어보자. 다이어리나 노트를 살 때 난 반드시 링이 있는 공책이어야 한다든지 줄이나 자르는 선이 있어야 한다는, 꼭 고집스러운 부분에 대해서 말이다. 노트의 링은 공간 차지를 하고 다른 책과 눌리기 때문에 양장본을 선호한다는 사람도 있을 것이다.

당신은 어느 쪽인가? 단순한 질문이지만 진지한 고민을 하다 보면 아름다움을 낳는 까다로운 지표와 방향키를 찾을 수 있다. 이른바 자기만의 원칙이 생기는 것이다.

슈트를 입는 출근룩에 백팩이 유행하던 때가 있었다. 유행은 뒤로 미뤄두고 내가 꼭 백팩만을 선호한다면 난 왜 꼭 백팩이여야 하는가? 양손이 자유로워지고 싶어서인가? 추억 속의 사진부터 지금까지도 늘 클로스백을 매고 있다면 난 왜 클로스백인가? 가방 입구가 무조건 지퍼로 채워져야 하는가? 덮개가 있어야 하는가? 사이드 주머니가 있어야 하는가? 곧 죽어도 꼭 골드버클이여야 하는가? 가방의 부피감은 어느 정도가 좋은지 매끈한 가죽, 무조건 가벼운 캔버스, 광택의 유무 등 디테일을 하나하나 적어 보면 가방 하나에서도 당신의 감성과 취향, 행동과 라이프 스타일을 고스란히 느낄 수 있다. 작은 부분에 전체가 들어 있다는 프랙탈의 원리처럼, 하찮은 작은 행동이나 감정 표현에 그 사람의 자기 정체성이 그대로 드러난다.

긍정적 까다로움

어지간히 까다로운 MJ 크리에이터와 까다롭기로 소문난 김윤우 대표가 '까다롭게 좋아하는 것'에 관한 이야기를 나눈 적이 있었다. 스카프를 하는 이유는 무엇인가? 우리 둘 다 스카프를 좋아해서이다. 나는 어릴 적부터 스카프를 좋아했고 대학 시절엔 긴 목과 목주름이 콤플렉스여서 그것을 가리기 위해 늘 스카프를 두르고 다녔다. 다른 사람에 비해 땀이 많은 그녀는 재킷 목 부분의 얼룩을 피하려고 오염방지용으로, 그리고 재킷의 세탁 비용을 줄이기 위해 스카프를 두른다고 했다. 이유가 어찌 되었건 우리 둘은 스카프가 없으면 허전하다. 어린아이들 목에 두르는 손수건부터 크고 작은 여러 가지 소재의 스카프는 감기 방지와 보온의 효과가 있으며 얼굴을 살리기 위한 액세서리 중 하나이다. 스카프만 바꿔도 옷이 달라 보이게끔 하는, 음식에서 마치 소금 같은 아이템이다. 우리 둘의 까다로움에는 이유와 차이가 있다. 이유와 정도의 차이가 달라도 같은 결과를 나타낸다. 그리고 같은 결과인 스카프를 좋아한다는 현상도 이유가 다르므로 사용할 때의 목적이 달라진다.

나는 〈22가지 감성 스타일을 진단하는 방법〉*을 공부하면서 까다롭게 좋아하는 것들의 기준에 대해 명확한 답을 얻었다. 그 과학적인 방법의 시도로 얻은 다양한 경험이, 사람들이 까다롭게 좋아하는 것을 찾게 도와주는 길잡이가 된 것이다. 이 진단법을 만나게 해주신 김옥기 교수님께 감사한 마음은 지문처럼 새겨져 있다. 나에게는 생명의 은인 같은 분이시다. "컬러는 '공기' 같으며, '사람' 자체다."는 말씀으로 컬러에 대한 새로운 인사이트를 주셨다. 김옥기 교수님은 PBI연구소 소장님이자 숭실대학교에서 컬러와 감성 교육을 하고 계신다.

나는 글을 쓰다가 화장실 가는 길에 꽃병에 꽂힌 꽃 한 송이의 높이가 거슬려도 가위를 들고 와서 바로 잘라야 직성이 풀리는 사람이다. 내가 나를 피곤하게 하는 스타일이지만 부지런하다는 긍정의 에너지도 함께 있다. 바지에 재킷을 입을 때에는 반드시 이 벨트여야만 한다는 까다로움의 기준도 확실하다. 완벽주의를 넘어서서 도를 넘은 지나친 디테일을 추구하는 성격이다. 하지만 나는 좋아하는 기준을 까다롭게 설정하고 그 까다로움으로 완벽을 추구한다.

완벽은 결코 하루아침에 이룰 수 있는 완성이 아니다. 끊임없는 미완성의 노력이 완성으로 가는 여정에서 잠깐 보여주는 아름다움의 극치가

● 22 Taste‐Scale Method. 취향과 감성 좌표축에 따라 22가지 미의 기준으로 나누는 분석기법. 일본의 사토 쿠니오, 히라사와 테츠료가 개발하고 가와나미 타카코川浪たか子가 계승 발전시켰다. https://taste22.co.jp/about/

완벽함이다. 그때 느끼는 만족감으로 아름다움은 더 완벽해진다. 하지만 오늘 달성했다고 생각하는 완벽함도 내일 다시 보면 아직 채워야 할 부분이 여전히 남아 있는 미완성이다. 어제와 다른 완벽함을 또다시 추구하면서 더 아름다운 완벽을 어제와 다르게 추구해야 한다.

고유함을 드러내는 자유로움

MJ 크리에이터는 사는 것을 아주 좋아하지만 아무거나 다 사지는 않는다. 까다롭게 좋아하는 것에 대해 잘 알고 있고, 아주 꼼꼼해서 무엇이든 그 결과에 대체로 만족을 하는 편이다. 그래서인지 그녀는 긍정적이고 자존감도 높다. 그러다가도 어떤 부분에서는 한없이 무너지는 모습을 보이기도 하는 그녀. 까다로움과 깐깐함의 차이, 그리고 꼼꼼함의 차이에는 긍정적인 측면과 부정적인 측면이 동시에 존재한다. 까다로움은 제대로 알고 고른다는 의미가 내포되어 있다. 깐깐함은 융통성이 없는 고지식한 느낌이 든다. 꼼꼼함은 신중하게 고르는 섬세함이 연상된다. 까다로움은 좋아하는 것에 대한 엄격함이고, 깐깐함은 자칫 남에게 들이대는 잣대라서 피해를 줄 수 있다.

나는 MJ 크리에이터가 컨설팅 시간에 립스틱 바르는 순서를 설명하는 것을 보고 놀랐다. 립스틱만큼은 까다로움에 대해서 완벽하게 최적화되어 있었다. 립글로스 방망이에 올리는 글로스의 양에서부터 입술을 나누어 어디서부터 바르며 그 다음 바르는 순서와 남은 립글로스로 립을 표현하는 방법까지, 그리고 립글로스와 립스틱 보관은 어떻게 하며, 나름

의 관리 방법도 있었다. 립 제품 여러 개 중에 메이크업 파우치에 들어갈 제품과 저렴하니까 주머니에 넣고 다닐 립스틱과 립글로스, 립밤도 따로 있다. 일과 중에도 여러 번 발라야 하고, 밥 먹기 전에도 립밤을 바른다. 튜브 타입은 짜서 쓰기 좋으므로 누구에게 짜주기 좋아서 들고 다니고, 스틱형은 다른 사람에게 빌려주지 않고 혼자만 쓴다는 아주 철두철미한 까다로움에 나는 경악을 금하지 못했다. 그래서 MJ 크리에이터는 자신이 까다롭게 좋아하는 것에 대한 만족도가 높다. 난 이미 너무나 잘 알고 있는 부분이고, 다른 사람도 이쯤은 알 거라고 단정 짓고 이건 말하지 않아도 알 거라고 하는 부분도 아주 세심하게 질문하고 설명하는 것을 보면서 까다로운 사람임을 알게 되었다.

까다로움은 MJ 크리에이터의 장점이자 달란트다. 그러한 삶의 태도와 접근 방식은 어떤 것을 구분하고 찾아가는 데 있어 큰 발전을 이루어 내는 초석이 된다. 만고불변萬古不變의 진리가 아닌 상황에 따라 달라지는 까다로운 기준이 있다. MJ 크리에이터는 자기 나름대로의 까다로움이 있다. 여든 할아버지가 세 살 손자에게서 배워야 하는 것도 이런 이유에서일 것이다. 간호사 출신의 컬러 테라피스트 MJ와 미대를 나온 스타일 컨설턴트인 나, 우린 동떨어진 분야를 전공했지만 큰 괴리감이나 부딪히는 부분이 없다. 약간의 답답함은 있어도 이해하고 받아들이고 받아들여주는 것이 힘들지 않은 이유는 우리 둘다 까다롭게 좋아하는 것을 좋아하기 때문이다. 까다로운 사람은 섬세한 사람이고 디테일에 강한 사람이다. 까다로운 사람은 자기만의 판단 기준이 분명하고 구체적이어서 무엇이 마음에 들고 안 드는지를 직감적으로 판단한다.

또 까다롭게 좋아하는 것을 표출하는 방법과 발전을 이루는 단계를 터득해야 한다. 까다로운 사람이므로 차근차근 단계별로 설명을 해줘야 하는데 까다롭지 않다면 그런 설명도 필요 없을뿐더러 설명을 들으려고 하지도 않을 것이다. 나는 어떤 상황을 짐작하여 알기에 눈에 보이니까 까다로울 수밖에 없고, MJ 크리에이터는 성격이 까다로워서 꼼꼼하게 체크를 아주 많이 잘한다. MJ 크리에이터는 청소나 정리 정돈에는 까다로움이 하나도 없다. 그래서 방 정리가 안 되어 있거나 뭔가 어질러져 있어도 맘 편하게 잘 지낸다. 세탁 관리가 누군가에게는 한번 사용한 수건은 무조건 세탁하거나 빨래통이 비어 있도록 바로바로 세탁하는 것을 의미하지만 또 다른 사람에게는 양말을 절대 다른 옷과 함께 세탁하지 않는 까다로움을 의미하기도 한다.

이렇듯 각자마다 까다로움의 유형과 선호도에 차이가 있다. 그래서 누가 더 까다롭다 덜 까다롭다고 단정 지을 수는 없다. 사람은 모두에게 까다로운 존재다. 당신이 어떤 부분을 유독 까다롭게 좋아하고, 어디에 기준점을 두는지에 따라서 까다로움은 다른 옷을 입는다. 각자의 까다로움이 그 사람 특유의 아름다움이다. 그 까다로움을 일깨우고 깊이 성찰해볼 때 자기다움을 빛나게 만드는 까다로움으로 발전한다.

까다로움의 재발견

나는 까다로움을 좋아하고 까다로움을 즐긴다. 그래서인지 까다로움의 다양한 측면이 한눈에 잘 보인다. 매사를 까다로운 기준으로 바라보니 나도 모르게 직업병의 일환이라고 간주하지만 그것을 은연중에 즐기게 된 것인지도 모르겠다. MJ 크리에이터는 자신의 몸에 대해 까다로움이 있었다면 살이 찌지는 않았을 것이다. 물론 그녀의 삶에서 어떤 사건이나 환경적인 이유가 있을 테지만 XL사이즈로 오랜 시간 방치하지 않았을 것이다. 그녀가 얼마 전부터 새로운 일을 시작하면서 20킬로그램을 감량했다. 너무도 기특해서 나도 모르게 목표 몸무게까지 가면 옷을 한 벌 사주겠다는 말이 나왔다. 웃으며 좋아하는 그녀에게 "나 기분파였던가?"라는 농담을 할 만큼 내가 더 기분이 좋았고 그녀가 목표 몸무게만 찍는다면 옷뿐만 아니라 풀 스타일링을 해주고 싶다.

　　나는 까다롭게 좋아하는 것과 좋아하지 않는 것을 잘 캐치한다. 고객이 회사 문을 열고 들어오는 순간부터 인사를 나누고 눈을 마주치며 스타일 검진표에 개인 신상을 작성하고 대화를 시작하면서부터 어느 정도 감을 잡는다. 감성 앙케트 조사를 마치기까지 그 사람이 까다롭게 좋아하는 것과 그렇지 않은 것에 대한 호불호가 아이들이 이불에 그리는 그림처럼 제각기 다른 형태로 자연스럽게 그려진다. 아니 내가 잘 그릴 수 있도록 고객이 친절하게 설명해준다. 하고 싶은 말이 많은 고객들은 다들 재미있어하고, 말이 적은 고객들은 다소 소극적인 반응을 보인다. 표현이 솔직한 고객은 다들 입을 틀어막거나 눈을 똥그랗게 뜨며 "너무 신기해요.", "타로 카드 같아요!"라고 한다. 긴가민가했던 부분이나 어울리는지 안 어울리는지에 대한 부분에서 어떤 명료함을 느껴서 한 표현일 것이다. 타로는 어떤 부분에서는 꿈보다 해몽일 수도 있지만 스타일 검진은 꿈과 해몽이 동일시된다. 고객 스스로가 이미 말하고 선택하고 표현하는 것을 내가 그대로 읽어서 다시 되돌려 줄 뿐이다.

　　나에게 있어 까다로움은 숙련된 기술처럼 직관적으로 아주 빨리

간파가 된다. 누군가에게 선물을 해야 하는 상황이 있다고 가정해보자. 선물을 할 때 그 사람을 생각하고 목록을 나열하면서 선물을 골라본 적이 있는지 생각해보자. 선물의 의미를 중요시하는 사람의 선물은 선물을 받을 사람을 생각하고 고른 것이어야 하고 모든 면에서 당위성이 담긴 선물이어야 한다. 그렇지 않은 사람은 적당한 금액 또는 지금 내가 구매할 수 있는 것이 우선순위가 된다. 주는 것도 받는 것도 싫다며 선물 자체가 귀찮은 사람도 있다. 그런 사람은 자신에게 까다로움도 그다지 중요하지 않을 것이다. 나는 선물을 할 때도 그 사람의 까다로운 선호도가 무엇인지를 마음속으로 생각한다. 상대의 까다로움이 나의 까다로운 기준과 맞물려 조화를 이룰 때 비로소 까다로운 아름다움은 날개를 달고 비상을 시작한다. 누군가에게 선물을 한다는 의미는 선물을 받을 사람의 성향이나 선호도를 분석한다는 뜻이다. 어떤 스타일을 좋아하며 평소에 즐겨 취하는 것에 관한 관심과 선물의 이유를 까다롭게 분석하는 것이 선물을 잘하는 방법이 된다.

엄마는 내가 어릴 적부터 예쁜 잠옷과 속옷을 사주시며 속옷 멋쟁이가 진정한 멋쟁이라는 말을 해주셨다. 그래서 나는 나만의 패션 철학이 형성되기도 전에 잠옷과 속옷은 예쁘고 좋아야 한다는 일종의 세뇌를 당한 셈이다. 잠옷과 속옷은 겉옷보다 더 좋아야 했다. 보여줄 사람도 없는 잠옷과 속옷이라는 걸 느끼고 패션에 눈을 뜰 때부터 나는 엄마에게 눈 감고 입는 옷보다 눈 뜨고 입는 옷이 더 사고 싶다고 하면서 예쁜 잠옷 대신 밖에서 입는 옷을 사달라고 했다. 한 여사님의 까다로움 중 하나인 잠옷과 속옷을 예쁘게 입는 것은 어떠한 의미를 지니는 것인지 잘 안다. 보이지 않

사랑하는 마음으로 살아내기

감성은 비범한 상상력이 싹트는 순간에
탄생하는 탄성이다

는 곳까지도 깔끔하고 정갈하게 잘 관리해야 한다는 엄마의 심오한 가르침은 나의 까다로움을 더 단련시켜 주었다. 이 덕분에 '까다로움', 근거와 이유가 있는 선택 능력이 점차 쌓이게 되었다.

까다로움은 그냥 매사를 까탈스럽게 대하는 불만의 표정이 아니다. 오히려 까다로움은 그렇게 되었으면 좋겠다는 강렬한 나의 열망이자 그렇게 되지 않으면 오히려 자신의 정체성을 드러낼 수 없다는 절박한 독백이다. 까다로움에는 저마다의 엄격한 기준이 있고 그럴만한 기준 뒤에는 합리적으로 선택하지 않으면 안 되는 사유가 숨어 있다. 까다로움은 합리적으로 되고 싶은 나의 욕망이다.

옷 입기도 내가 좋아하는 스타일과 그렇지 않은 스타일을 염두에 두고 구체적으로 어떤 옷이 나의 스타일에 어울리는지를 매년 리스트를 작성해서 직접 입어보고 느끼는 연습을 할수록 까다로운 아름다움에 도달할 수 있다. 철학자 강신주 박사가 『한 공기의 사랑, 아낌의 인문학』에서 추천하는 방식을 참고로 해보면 옷과 더 깊은 대화를 할 수 있을 것이다.

"나 자신이든 타인이든 좋아하는 것과 싫어하는 것들의 리스트가 완성되었다면, 우리는 나 자신을 이루는 '작은 나날'을 들여다본 셈이다. 그리고 1년 뒤에도, 2년 뒤에도 계속 리스트를 작성한다. 10년 뒤 리스트를 작성한 다음 10장의 리스트를 비교해보라. 사라진 '작은 나날', 성장한 '작은 나날', 그리고 새롭게 영근 '작은 나날'을 확인할 수 있을 것이다. 성장한 나들은 더 구체적으로 무언가를 좋아한다. 예를 들어 막연히 산을 좋아했던 '작은 나'가 겨울 설악산을 좋아하는 '작은 나'가 되거나, 클래식을 좋아했던 '작은 나'가 피아니스트 피레스(Maria João Pires, 1944~)가 연주하는 슈베르트를 좋아하는, 성장하는 식이다."

옷 입기도 마찬가지다. 좋아하는 스타일과 싫어하는 스타일을 구체적인 옷과 매칭시켜 생각해 보면 나만의 까다로움을 찾을 수 있다. 매년 그런 이유 있는 옷 입기를 통해 나만의 고유한 스타일이 완성되어가는 과정을 느낄 수 있을 것이다.

타협할 수 없는 마지노선

까다로움은 나다움을 선물해주고, 더 나아가 새로움을 추구할 수 있는 긍정적인 에너지가 된다. 까다로움은 완벽을 추구하는 괴로움이나 번거로움이 아니라 비밀스러운 슬기로움이다. 까다로움은 까닭 모를 고집을 부리며 자기 방식을 고수하려는 우둔한 자세가 아니다. 까다로움은 날카로움을 통해 경이로움을 추구하며 자기만의 고유함을 드러내는 자유로움이다.

까다롭게 판단하는 것은 쫀쫀하게 뭔가를 고수하려는 외골수가 아니라 자기만의 독특한 스타일을 추구하려는 아름다운 고집이다. 아름다움은 까다로움을 통과해야 비로소 탄생되는 어려움이다. 아름다움은 저절로 탄생되는 성취물이 아니다. 아름다움은 겉모습을 무조건 아름답게 꾸미는 노력보다 까다로운 선택과 포기를 통해 정제와 절제의 미덕으로 탄생하는 고통스러운 몸부림이기도 하다.

"그 브랜드 할아버지여도 그 돈 주고 그건 안 산다."는 말은 내가 터무니없이 비싸거나 가품 같아 보이는 명품을 보며 자주 하는 말이다. 까다로움을 통과하고 나면 유행에만 친절한 아이템보다 나의 감성과 취향을 담은 클래식함이 나의 아이템을 채워 넣어주는 기준이 된다. 우리는 그 기준이 없어서 맨날 입을 옷이 없다고 하고 산 물건을 사고 또 산다. 유난히도 유행하고 있는 크리스찬 디올의 북토트백 오블리크가 만인의 가방이 되었다. 여러 시즌을 거치면서 패턴과 컬러가 다양해져서 진품과 가품을 구분하기조차 힘들다. 우선 크기에 비해서 금액이 저렴하고 큰 크기의 북토트백은 존재감이 있다. 저렴한 금액으로 큰 존재감을 얻기 쉬우므로 어울림과 상관없이 잇템이 되기도 했고, 소재도 튼튼하고 여기저기 편하게 들기에 쉬우며 유니섹스한 이미지의 매력도 함께 지니고 있어서 남녀노소 누구에게나 더 사랑받는 아이템이라고 할 수 있다.

하지만 난 일단 무거운 가방은 패스. 무거운 가방에 물건을 넣으면 더 무거워지므로 들고 다니기 힘든 가방은 까다로움의 기준선에 가기도 전에 탈락이다. 거칠고 투박한 직선의 딱딱한 사각형 가방, 한마디로 무까끼한 스타일을 선호하지 않으므로 처음부터 지금까지 그 가방을 수도 없이 보았어도 흔들려본 적이 단 한 번도 없다.

육아와 일을 병행하며 바쁘게 생활하는 친한 동생에게 전화가 걸려왔다. 그녀는 쇼핑할 시간이 없어 인스타그램으로 많은 정보를 접하고 주로 온라인 쇼핑을 하는데 다들 그 가방을 들고 있어서 자기도 하나 사야 할 것 같다는 이야기였다. 네가 그 가방을 사고 싶은 이유가 무엇이냐고 물었더니 다른 사람이 다 들고 다니기 때문에 나도 사지 않으면 안 될 것 같다는 것과, 다른 가방에 비해 저렴하다는 이유였다. 나는 그녀가 얼마 전까지만 해도 사고 싶어 하던 아이템을 얘기하면서 그녀에게서 그녀만의 까

커피에 담긴 감성을 마시듯 옷이 품은 감성을 입는다

다로움을 끄집어내기 시작했다. 3분도 지나지 않아 그녀는 북토트백을 장바구니에서 바로 삭제했다. 누군가가 말하는 그야말로 기본템은 모두에게 다 기본템이 되는 것은 아니다. 기본 아이템이야말로 나에게 맞춘 까다로움이 필요하다. 두고두고 잘 사용하는 나의 클래식템에 대한 까다로움을 깨워본다면 더 경제적인 쇼핑에 큰 도움이 될 것이다.

　잠자는 까다로움을 흔들어 깨우는 순간, 나의 아름다움은 그 순간부터 이전과 전혀 다른 모습으로 나를 변신시켜준다. 까다로운 사람은 귀찮거나 나하고 코드가 맞지 않는 사람이라고 싫어하지 말자. 나부터 나의 컬러와 스타일에 부합하는 안성맞춤이 무엇인지를 치열하게 따져 물어보지 않으면 투자한 시간과 돈에 비해 나의 자기 정체성은 본래의 모습을 찾지 못하고 겉모습만 꾸미면서 이상한 모습으로 전락할 수 있다. 까다로움은 아름다움으로 가는 길목에서 누구나 통과해야 하는 철저한 자기 판단기준이자 끝까지 타협할 수 없는 마지노선이다.

　까다로움은 클래식을 만들고 또 나만의 클래식을 만든다. 이미 소유한 가치이기도 한 까다로움은 또 다른 까다로움을 낳기도 한다. 나만의 클래식 아이템을 만들어보자. 제대로 된 소비를 하려면 까다롭게 좋아하는 면모와 그 이유를 알아야 한다. 까다롭게 소비하는 면모를 알아야 제대로 소비할 수 있다. 그런 아이템은 애착템으로 평생템이 되고 내 마음에 쏙 드는 물건이 된다. 그것이 나의 명품이다. 까다롭게 좋아하지 않기 때문에 결정 장애 속에서 살아간다. 어떤 물건을 분명히 좋아서 샀는데 점점 나에게서 멀어지는 아이들이 있듯이 지름신이 발동하여 사들인 물건이나 까다롭게 좋아하지 않는 것에 대한 소비는 낭비가 되기 쉽다.

인간은 공간에서 축적된 추억과 시간의 합작품이다

까다로움은 생활의 열쇠

밝은색의 옷일수록 더 까다롭게 골라야 한다. 밝은색일수록 더 많은 것을 수용한다. 밝은색의 옷감은 소재감이 더 잘 드러나기 때문에 흰 셔츠는 조금 더 까다롭게 골라야 한다. 차려입어야 하는 밝은색의 옷을 준비해야 한다면 고급스러운 소재를 선택하는 것이 좋다. 밝은색의 여름철 옷은 땀에 쉽게 노출되어 변색이 쉬우므로 다른 컬러보다 수명이 짧다. 그리고 특히 옷들이 생명력을 잃기 쉬운 계절이 장마철이다. 여름철 옷일 경우는 경제적인 면을 먼저 고려하면 좋은 이유다.

한두 해만 입어도 누레지고, 입지 않고 보관만 해도 누레진다. 화이트는 누레지는 게 진리이다. 면이든 가죽이든 양털이든 모두 변색이 되기 마련인데 그래서 이제 흰색은 사지 않는다는 사람도 있다. 점점 나이가 들어가면서 구더기 무서워서 장 못 담그는 식의 쇼핑을 하는 사람들이 많다는 것을 느꼈다.

세탁을 제때 하지 않거나 보관을 잘못하면 옷의 수명이 단축되는데 화이트나 밝은색의 옷을 여름철에 입는다면 한 번 입고도 세탁을 빨리 하는 것이 좋다. 한 번 입고 세탁을 보내기가 아까우면 되도록 며칠 안으로 더 입고 빨리 세탁해야 그 옷을 더 오래 입을 수 있다. 건조기를 사용하기 시작하면서 건조기를 위한 옷을 구매하게 되었다. 옷이 줄어드는 것을 고려해서 2~3 사이즈 큰 것을 고르기 시작한 사람도 있고, 건조기에 잘 견디는 옷을 제작하는 의류 회사들도 있다. 내가 식기 세척기에 살아남을 그릇을 사는 것처럼 건조기에서 살아남은 옷들을 위주로 더 구입하는 것이다. 이렇게 의복은 우리의 생활과 밀접해서 의생활이라고 불린다.

옷을 입는 횟수와 세탁을 하는 빈도는 비례하는 것이 정상이겠지만 정확한 비례 곡선을 그리는 사람은 드물다. 나부터도 옷의 컬러와 소재에 따라 세탁소를 자주 가는 옷이 있고 그렇지 않은 옷이 있다. 그래서 나는 아끼는 하얀색 원피스는 매년 여름 입지 않고 한 해를 건너뛸 때가 있다. 한 번 입고 여름 내내 걸려 있게 된다면 세탁비마저 아깝기 때문이다. 고가의 옷일수록 세탁비도 비싸다. 그래서 세탁소도 선별해서 보낼 필요가 있다. 그리고 해를 거듭하면서 옷의 상태에 따라 세탁소가 또 달라진다. 이처럼 색상을 고려하는 까다로운 옷 입기는 물론 세탁 과정에 대한 까다로운 통제 기준을 나름대로 확립하고 있을수록 삶을 윤택하고 풍부하게 만드는 생활의 열쇠가 된다. 열쇠는 자신에게 맞는 자물쇠를 만날 때 비로소 효용가치를 지닌다. 마찬가지로 나만의 까다로운 삶의 열쇠를 지니고 다닐수록 그 열쇠에 맞는 까다로운 어울림과 조화로움을 추구할 수 있다.

카이스트 이진준 교수는 까다로움을 '우리의 힘'이라고 했다. 까다로움은 모두가 '예스'라고 외칠 때 '노'라고 외칠 수 있는 용기의 속성이기도 하며 까다로운 시선으로 남과 다르게 생각하는 사람이 많아야 사회가 건강해진다는 것이다. 칸 영화제 감독상을 받은 어느 영화 감독도 한국영화의 성공 비결을 묻는 외신 기자에게 까다로운 한국 관객 덕분이라고 답했다. 까다로운 취향이 반영된 결과가 창의적인 콘텐츠로 이어질 수 있었음에, 까다로움이 힘인 세상이라는 말에 나 또한 격하게 공감한다.

'나'다운 스타일을 찾다,
스타일 검진

당신 스스로가 사랑하는 옷을 입고, 스스로가 사랑할 수 있는 스타일링에 대해서 꿈을 꿔본 적이 있는가? 나 또한 돌이켜보면 그런 생각을 해본 적도 꿈을 꾸어본 적이 없다. 단지 유행에 민감하게 반응하지 않으면서 나만의 스타일에 충실하면 된다는 생각으로 그날그날 내 기분만이 우선시 된 옷을 입었던 것 같다. 명확한 틀 안에서 아직 다 경험해보지 못한 스타일링은 옷장 안에 갇혀 있고 내일을 위한 꿈도 없이 나이가 들어가고 있다고 생각하니 나 자신이 나무와 생이별을 한 지 오래되어 바스락거리는 낙엽처럼 느껴진다. 오늘의 계획과 실천이 5년, 10년 후 나의 모습을 만들고, 미래는 밀가루 반죽과 같아 지금 만드는 대로 구워져서 도착한다고 했다. 이것은 주로 자기 계발에 초점을 맞춘 화두인데 몸 가꾸기와 옷 입기에서도 마찬가지라고 할 수 있다. 오늘, 자기다움에 어울리는 아름다움을 창조하기 위해서 어떤 노력을 기울이고 있는지에 따라서 나의 아름다움으로 행복한 미래도 결정된다.

스타일링의 시작

　　빨강 신호등은 멈춤, 초록은 진행을 의미하는 것처럼 컬러가 주는 이미지로 만들어진 사회적 규범은 우리들의 약속이다. 그런 컬러의 이미지는 기업의 앰블럼과 유니폼에도 표현되는데 유니폼도 어떤 기업과 단체를 상징하고 직업을 이미지화한다. 공항에서 승무원들의 복장만으로도 항공사를 알 수 있듯이 의복은 많은 정보를 담는 매개체이다. 나와 우리의 정체성은 어떤 옷을 입고 상징적 이미지를 보여주느냐에 따라 달라진다. 기업마다 상징적인 컬러로 회사 로고를 만드는 회사의 아이덴티티(CI: Corporate Indetity) 작업에 많은 관심과 노력을 쏟아붓는 것도 그 만큼 어떤 컬러와 이미지로 사람들에게 부각되느냐에 따라 회사의 정체성이 확연하게 드러나기 때문이다.

그중에서도 시각적 이미지가 가장 크게 작용하므로 사람들은 그런 정형화된 이미지와 익숙함에 길들어져 그 안에 갇혀 있기도 하고 그러한 모습의 꿈만 쉽게 꾸고 있기도 하다. 아는 만큼 보이는 것도 그런 이유다. 그런 약속이나 규범에 맞춘 듯한 옷 입기, 너 나 할 것 없이 익숙한 옷 입기를 하는 사람들이 많다. SNS로 국내는 물론 전 세계가 소통하면서 무조건 따라 하기도 매우 수월해졌다. 남을 따라 하다 보면 남을 따라잡을 수 없다. 나를 나답게 하는 어울림을 찾고, 나를 더 돋보이게 하고 더 매력적으로 표현하기 위해서는 나를 제대로 알아보는 진단의 시간, 스타일 검진이 필요하다. 어울리면 아름다워진다. 어울림의 옷을 입기 위해 채우는 첫 번째 단추가 스타일 검진이다. 어울림을 찾아내는 스타일 검진이 아름다움을 창조하는 첫 출발점이고 아름답게 변신하고 싶은 사람에게 스타일 검진은 필수요건이다.

나에게 오롯이 집중하는 시간을 통해 나를 찾아가다 보면 그동안 내가 모르고 지냈던 나만의 아름다움을 발견하게 된다. 아름다움이 보이

선택하지 않아도 선택받는 삶의 여유,
공간에서 발견하다

기 시작하는 순간 나는 더 아름다워진다. 자신에게 잘 어울리는 스타일을 연출하고 그 위에 자신감마저 입게 되면 더 긍정적인 미래를 꿈꿀 수 있다. 변모하는 모습을 보는 주위 사람들에게서 듣는 칭찬은 피그말리온 효과도 불러온다.

스타일 검진으로 달라진 외모에 자신감을 얻으니 심리적으로 안정을 찾을 수 있고, 그 안정감은 일의 능률을 올리며 원만한 대인관계로 이어진다. 스타일의 크고 작은 변화는 사존감도 높여준다. 스타일 검진으로 얻은 솔루션으로 당신이 꾸는 꿈이 아름답게 채색되길 바라고 당신이 꿈으로 가는 길이 행복할 수 있기를, 더 나아가 새로운 꿈을 꿀 수 있기를 바란다.

스타일 검진으로 깨어나는 자기다움

몸의 건강 상태를 알아보는 의학적인 진찰을 하는 것이 건강 검진이라면 제2의 몸과 같은 옷의 건강 상태를 종합적으로 진단하는 것은 스타일 검진(그랑그랑 크리에이션의 퍼스널 컬러 진단, 골격 진단, 감성 진단, 컬러 테라피, 옷장 디톡스, 동행 쇼핑으로 이루어지는 패션 & 라이프 스타일 컨설팅을 일컫는 명칭이다)이다. 스타일 검진은 나의 타고난 신체 구성 요소의 특징을 과학적인 진단법으로 체크한 후, 각자가 지닌 아름다움을 발견해가면서 스스로에 대해 제대로 알게 되는 기회를 제공한다.

그리고 테이스트 앙케트를 통해 내가 가진 감성과 취향이 진정한 나의 것인지 타인으로부터 더 강하게 영향을 받아 나도 모르는 사이 지배된 감성인지 알아보는 시간이다. 나만의 아름다움을 돋보이게 하고, 나의 장점은 부각하고 단점의 보완을 돕는 첫걸음이자 출발점이 스타일 검진이다. 스타일 검진을 받고 나서 제시되는 스타일링 솔루션은 대단하게 화려한 스타일링 연출이나 큰 변화를 위한 것은 아니다.

　20대가 스타일 검진을 받으러 오면 내가 늘 하는 말이 있다. "당신들은 돈 주고도 살 수 없는 가장 아름다운 옷, 젊음을 입고 있으니 그 젊음을 마음껏 누리는 것이 먼저였으면 한다"는 것과 "오늘의 스타일 검진 결과를 가지고 앞으로의 30~40대의 모습을 꿈꾸어보길 바란다"는 당부의 말이다. 어떤 이는 아주 의미심장하게 받아들이고 어떤 이는 무슨 소리야 하는 눈빛으로 수줍게 웃고 만다. 내가 20~30대 때에 우리는 '나이가 들어간다'는 표현은 하지 않았는데 요즘 20~30대는 우리 때보다 훨씬 성숙하다. 나이가 들어가니까 앞으로 어떤 변화를 줄지 궁금해서 왔다는 말에 세대 차이를 느낀 적도 있다. 경제, 문화적 발달로 시대의 변화를 빠르게 받아들이면서 나타난 사회현상 중 하나라고 할 수 있겠다. 육체적, 정신적 성숙의 불균형은 옷 입기에도 반영되고 있다.

　건강 검진을 받아야 내 몸의 이상 상태를 점검하고 건강 관리를 위한 방안을 마련할 수 있다. 마찬가지로 스타일 검진도 받아봐야 이상적인 자기다움에 어울리는 아름다움을 창조할 수 있다. 건강 검진 후 진단에 의한 처방이 나오면 처방전대로 약을 잘 먹어야 건강이 회복된다. 건강 관리의 최고봉은 스스로 관리하는 습관이다. 자신과의 싸움이 시작됨과 동시에 더 성장할 기회를 얻게 되는 것처럼 꾸준히 계속해나가는 스스로의 노력이 필요하다. 스타일 검진 후 나에게 가장 잘 어울리는 옷 입기를 완성해나가는 과정도 그러하다. 건강 검진도 검진으로 끝나는 게 아니라 건강 검진 후 몸의 이상 증세에 맞는 치료 방안을 강구할 때 좋지 못한 몸 상태를

스타일 검진은
당신만의 욕망이 담긴 까다로움을 알려준다

회복할 수 있다. 스타일 검진도 검진으로 끝나는 것이 아니라 스타일 검진 후 얻은 스타일링 솔루션을 실행하는 순간 자기다움에 어울리는 스타일링이 시작된다. 우리는 옷을 벗고 있는 시간보다 옷을 입고 있는 시간이 더 많기에 다른 기술 연마에 비해 옷 입기 실력을 쌓을 기회와 시간이 더 주어진 셈이다. 나에게 잘 어울리는 옷을 망설임 없이 내가 처방해줄 수 있는 경지에 이르기까지 꾸준한 노력이 필요하다.

나는 어릴 적부터 축구를 아주 좋아했다. 2002년 한일월드컵에서 온 나라를 뜨겁게 달구었던 붉은악마의 함성은 20년이 지난 오늘의 잔디에도 울려 퍼지며 나의 가슴을 방망이질한다. 그 당시 우리의 심장을 관통했던 감동의 문구 'Dreams come true!' 이 말은 오래전 디즈니랜드를 대표하는 캐치프레이즈였다고 한다. 붉은악마의 응원 메시지, '꿈은 이루어진다'는, 꿈을 꾸면 꿈대로 이루어진다는 것과 우리가 희망하는 꿈을 실현할 수 있을 것이라는 확신을 강하게 심어준다. 그러나 목표를 가지고 있는 꿈, 실천하는 꿈만이 이루어진다. 스타일 검진 솔루션에 충실한 스타일링을 직접 해보지 않으면 건강 검진 후 의사에게서 받은 처방전을 서랍 속에 넣어두는 것과 다를 바가 없다. 엘레강스 스타일을 좋아하는 사람은 그러한 스타일링을 할 때 옷을 입은 후의 엘레강스한 자신의 모습을 생각하고 입으며 엘레강스한 모습을 꿈꾼다. 그리고 그런 나의 모습을 보고 나면 그 하루가 우아해진다. 그렇게 꾸는 꿈을 하나하나 실천하며 그러한 스타일링이 반복되면 엘레강스가 체화되어 엘레강스의 실사판, 현실판이 된다.

감성 스타일을 검진한 결과, 나의 감성과 성향이 페미닌으로 나왔다고 가정하자. 진단 결과로 페미닌한 스타일이 완성되는 것이 아니라 진단을 받은 이후부터가 스타일링의 시작이다. 페미닌 스타일과 더 잘 어우러짐을 위한 어떤 노력을 지속적으로 추구해야 하는지를 고민하고 행동해야 한다. 내가 지닌 나의 페미닌한 감성만으로 모든 스타일링이 완벽하게 완성되지 않기 때문에 옷 입기는 영원한 숙제이기도 하다.

옷장 디톡스

그랑그랑 크리에이션의 스타일 검진은 자신의 내면을 바라보고 대화하는 컬러 테라피를 받는 것으로 시작한다. 그리고 피부 상태를 체크하고 근본적인 개선을 위한 피부 컨설팅 시간을 갖는다. 그다음 3회차는 옷장을 정리하는 시간이다. 장 건강을 위해서 장 디톡스가 필요하듯이 옷장을 아름답게 유지하기 위해 옷장도 정기적으로 독소를 제거하는 옷장 디톡스가 필요하다.

특별한 필요성을 느끼지 않으면서 습관적으로 쇼핑을 하다 보면 어느새 옷장은 잘 입지 않는 옷이 자주 입는 옷보다 더 많아지기 시작한다. 한두 해가 지나면 옷장은 한번 옷걸이에 걸린 옷을 장기간 보관하는 옷 창고로 전락한다. 쇼핑할 때는 좋아서 사 들고 왔는데 점점 쌓여가는 장롱템만 가득한 옷장을 열며 우리는 입버릇처럼 입을 옷이 없다고 한다. 나도 예전엔 그랬었다. 옷이 많은 사람이 더 자주 하는 말이기도 하다. 잠자는 옷이 점점 늘어나는 옷장은 매년 계절이 지나면서 바뀌어도 숙면을 하고 창고에서 언제 나올지 모르는 옷들이 늘어간다. 이런 옷들은 기지개를 켜고 벌떡 일어나서 주인장과 함께 외출할 일은 아주 적다는 게 문제이다. 창고

가 폐기물 장기 보관소가 되지 않기 위해 정기적인 정리가 필요하듯 옷장도 계절별 디톡스를 통해 아름다운 옷이 우리 몸을 기다리는 건강한 공간이 되어야 한다.

"끌리는 스타일, 원하는 스타일을 사다 보니 옷은 늘어나는데 입을 옷이 없어요. 어울리는 스타일을 찾고 싶어요."

컨설팅을 받으러 온 고객이 한 말이다. 끌리는 스타일, 원하는 스타일이란 나의 이상 속에 존재하는 스타일이고, 어울리는 스타일은 내가 잘 입을 수 있는 스타일이다. 그러면 무슨 스타일을 사야 하는가? 입을 옷이 필요하다면 아주 좋아하지 않아도 끌리지 않아도 나에게 어울리는 옷을 사야 한다.

"무난한 걸 사게 돼요. 무난한 게 잘 어울리는 것 같아요."

뭐가 잘 어울리는지 모르니까 무난한 스타일만 찾게 되는 것이다. 새로운 옷을 입어보려고 시도조차 하지 않았으니 모르는 게 당연하다. 무난한 스타일이 베스트 스타일은 아니다. 무난한 게 잘 어울린다는 착각은 버리자. 대부분 고객은 원데이 트라이얼 컨설팅을 신청한 후에 한 달 과정인 스타일링 컨설팅을 신청하는데 처음부터 스타일링 컨설팅을 예약하는 고객도 있다. 원데이 트라이얼 컨설팅만 받는 분들도 스스로가 옷장을 비우고 정리하지 않으면 스타일링 솔루션은 종이쪽에 불과해진다. 옷장을 정리하지 않으면 나에게 잘 어울리는 옷을 구매하더라도 이전 스타일로 돌아가기가 쉽다. 옷장에 예전의 옷이 그대로 걸려 있으면 그 옷을 다시 무의식중에 입게 된다. 음식 재료가 똑같으면 아무리 훌륭한 셰프라고 해도 요리에 한계가 있는 것과 마찬가지다.

잘 어울리는 옷과 어울리지 않는 옷을 구분하여 분류 작업을 해보

자. 어느 정도 자신이 생기면 우선 내가 잘 입을 수 있는 옷, 입어서는 안 되는 옷, 정말 버려야 할 옷을 구분해보자. 그리고 어울리지 않지만 버리기엔 아까운 옷 또는 고가의 옷이 있다. 그런 옷들은 소장해야 할 옷으로 구분하자. 어떤 고객은 컨설팅을 받고 집으로 돌아가서 옷장 문을 열었는데 그동안 아무 생각 없이 여닫던 옷장을 열고선 너무 놀랐다고 한다. 온통 검정색과 칙칙한 컬러뿐이고 육아로 불어난 몸매를 감추기 위해 옷을 입은 것이 아니라 옷을 휘감아 몸을 가리고만 살았던 것이다.

나만의 스타일링 솔루션

옷장 디톡스로 장롱템이 어느 정도 정리되면 다음은 죽은 옷 살리기다. 정말 입고 싶은 옷인데 입으면 이상하다거나 무슨 옷과 함께 입어야 할지, 어떻게 연출해야 할지 잘 모르겠다는 옷이 있으면 가지고 오라고 말한다. 모조리 버려야 할 옷뿐이라면서 그냥 빈손으로 오는 고객도 있다.

죽은 옷 살리기는 좋아서 산 옷을 나에게 어울리게 연출하는 프로젝트다. 스타일 검진으로 얻은 솔루션으로 스타일링을 시작하지만, 사람마다 미묘한 차이가 발생한다. 다시 말하자면 같은 타입의 사람이라고 해서 다 같은 것이 아니며, 그 안에서 강도가 농도를 달리한다. 같은 계절 안에서도 컬러 톤tone의 차이가 있고, 같은 타입이지만 그 타입의 중심이 되는 사람과 그렇지 않은 사람이 있다는 말이다. 그동안 많은 사람을 컨설팅하면서 재미있고 흥미로웠던 점이다.

그 미묘한 차이를 놓치지 않기 위해서는 내가 좋아서 산 이유를 찾

옷 입기는 암흑 속에서도 나다움이 드러나는
정체성 깨우기다

아야 한다. 시답잖은 이유라도 좋다. 그것이 나의 감성과 취향을 말해주기 때문이다. 나에게 어울리는 컬러와 소재, 패턴, 실루엣 등을 진단하여 얻는 기준은 계절과 타입에 충실한 것이지 그 모든 것이 나에게 정확히 잘 맞는 것이 아닐 수 있다. 사람마다 가진 각기 고유한 신체적 특징을 간단하게 한 곳에 몰아넣기에는 인간 유전자의 다양성은 매우 다양하기 때문이다. 무조건 진단법이 제시하는 솔루션에만 치중하면 그것은 나의 스타일이라기보다 그 스타일에 나를 맞추는 것이 된다. 어떤 것을 취할 때에는 이유가 있어야 하는데 특히 나만의 이유가 있어야 한다. 그 이유를 잘 뒷받침해주는 것이 나의 감성과 취향이다. 감성과 취향이 무시된 옷 입기는 뭔가 불편하고 어색하여 구멍 없는 연탄이고 앙꼬 없는 찐빵과 같다. 이유에는 분명 어떤 논리적 근거나 판단 기준이 있다. 특정한 시기에 특정한 옷을 선택한 이유를 꼼꼼히 따져 물어보면 그동안 몰랐던 나의 감성적 스타일을 발견할 수 있다. 그것이 나만의 스탕일링 솔루션을 더 명확하게 뒷받침해주고 완벽에 가까운 연출을 돕는다.

　　우리 회사 MJ 크리에이터가 정든 부산을 떠나 서울로 이사를 했다. 신체 사이즈 변화도 심하고 다양한 아이템을 구매하는 취미가 있어서 집에 물건이 많았다. 부산에서 서울로 거처를 옮겨야 하는데 짐 정리, 옷장 정리. 정리 스트레스가 이만저만이 아니었다. 눈물을 머금고 걱정이 태산인 그녀가 이사를 무사히 마칠 수 있길 바라는 마음에서 차근차근 단계별로 어드바이스를 해줬다. 그녀는 그때 알려준 팁이 너무 도움이 되었다며 자기 같은 사람들을 위해 꼭 책에 넣어달라고 하였다. 그녀는 서울에 집을 계약한 상태이고 부산 집은 계약일이 몇 달 남아 있어서 부산과 서울 두 집을 왔다 갔다 하며 지내야 했다. 포장이사냐? 스스로 이사냐? 공간의 크기를 줄여서 가기 때문에 포장이사 불가 판정을 내렸다. 포장이사를 하더라도 본인의 손을 거쳐야만 했다. 엄한 물건을 담아오면 이사 비용도 많이 나가고 서울에서 처분하는 비용도 만만치가 않기 때문이다.

우선 부산집에서 서울 집으로 가지고 와야겠다고 생각하는 물건부터 먼저 상자에 담아라. 담으면서 계절템이나 업무에 필요한 물건 그리고 지금 당장 필요한 것과 나중에 필요한 것을 구분 지어서 상자에 담아 번호를 달고 내용물을 표시해라. 옷과 물건이 너무 많은 그녀는 그것조차도 정리가 안 된다고 했다. 내가 보니 이 친구는 무언가를 버린다는 것을 힘들어하는 사람이었다. 십 년이 넘도록 모아서 쌓아둔 물건들로 숨통이 막히는 게 아니라 무언가를 버려야 한다는 것, 그 자체가 그녀의 가슴을 짓누르고 있었다. 왜 이리 많은 짐을 쌓아두고 있는지, 왜 버리지 못하는지, 어떻게 하면 짐에 파묻혀서 살지 않고 당신이 진정 원하는 삶을 살 수 있는지에 대한 깊은 대화가 필요했다. MJ 크리에이터가 언젠가는 쓰이겠지 하며 버리지 못하는 것과 미리미리 준비하는 마음으로 사거나 모아두는 것은 미래에 대한 불안감이 크기 때문이었다.

스스로에 대한 확신이 없고 자존감이 낮은 상태라서 지금 마련해 두지 않으면 미래를 대비할 수 없으니 현재를 버리고 미래를 택하는 것이다. 필요할 때 그때 가서 사면 되는데, 안분지족安分知足할 수 없고, 지금의 나를 즐기는 마음과 자존감이 부족해서이다. 미래에 대한 불안감과 내 불안을 인정하는 부분을 버리지 못하고 있는 자신의 짐을 통해서 본다는 것이 신기하다고 했다. 이렇듯이 삶의 모습에선, 작게는 내 옷장에서도 나의 내면의 모습을 보게 된다. 비워야 채울 수 있고 버려야 떠날 수 있다는데

서로가 서로에게 진심일때

말처럼 쉬운 것도 없다. 내가 먼저 뭔가 버리지 않으면 나중에 내가 버림을 당할 수도 있다. 버려야 떠날 수 있고 버리고 떠나야 그 마음도 가벼워진다. 짊어지고 가는 짐이 무거울수록 아마추어다. 프로는 아마추어에 비해 짐이 가벼워서 오랫동안 지치지 않고 한 분야에 매진할 수 있는 것이다.

분류 작업을 한꺼번에 다 하려고 하지 말고 우선시되는 1번에서 10번 상자를 먼저 서울로 보낸다. 남아 있는 물건들에는 희망 고문이 시작되었고, 그나마 다행이었던 건 시간적 여유가 있다는 것과 가족이 가까이 살고 있어서 큰 도움이 되었던 점이다. 부모님께 몇 번 혼쭐이 나야 했지만 정말 혼자였으면 얼마나 더 힘들었을까? 여기서 상자 크기와 무게가 중요하다. 상자 크기와 무게는 당연히 비례하겠지만 포장이사를 해본 사람들은 그렇지 않다는 것을 잘 알고 있다. 크기와 무게에 따라 우체국 택배나 일반 택배를 이용할 것인가 부산에서 서울로 올라오는 빈 트럭을 알아보고 상자 몇 개를 옮겨줄 수 있는 트럭으로 한꺼번에 옮길 것인가? 택배는 대문 앞 배송이고 트럭으로 짐을 옮기면 건물 앞 배송일 수도 있다. 이것이 중요한 이유는 그 친구의 새 둥지는 엘리베이터가 없는 건물의 4층이라는 점이다. 택배를 선택한 그녀의 상자는 하나둘 많게는 대여섯 줄을 지어 서울로 날아왔다.

그다음 미션은 간택을 기다리는 물건들을 좀 더 과감하게 내치는 것이다. '내게 정말 필요한 물건인가? 이제 나와 유명을 달리해야 하는 물건인가를 구분해서 버릴 것인가? 당근마켓으로 보낼 것인가? 주변 친구들에게 줄 것인가?'를 구분 지어라. 부산 서울 왕복하는 횟수가 늘어갈수록 그녀의 목소리가 밝아지기 시작했다. 공간이 가벼워지는 것만큼이나 그녀의 목소리도 가벼워진 것 같다. 마지막으로 보증금을 받고 나오는 날 무게

색다른 옷과의 낯선 마주침이
감각의 자유로 향하는 길을 알려준다

가 있고 부피가 큰 침대, 책상, 옷장이 상경하면서 그녀의 이사는 끝났다. 생애 첫 이사를 무사히 마친, 딱딱한 껍질의 알을 깨부수고 세상 밖으로 나온 그녀에게 박수를 보낸다.

내가 입고 있는 옷이 나의 태도

스타일 검진을 받고 이전과 다른 옷을 입기 시작하면 나의 태도도 자연스럽게 달라진다. 기분은 태도가 되지 말아야 하겠지만 옷은 우리의 의지와 상관없이 나의 감정 상태를 드러내는 태도가 된다. 옷이 태도인 이유는 내가 입고 있는 옷이 나의 감정 상태나 생각에 관한 정보를 제공하기 때문이다. 남성이 예비군복을 입으면 아무 곳에나 앉거나 누워서 친구들과 편하게 농담을 주고받는다. 군복을 입으면 손이 저절로 눈썹 위로 올라가 거수경례를 하는 것처럼 옷이 내 생각과 태도에 영향을 미쳐서 무의식 중의 어떤 행동을 자연스럽게 유발한다. 실제로 그럴 생각이 없었는데 내가 선택해서 입은 옷이 나에게 어떤 자세와 태도를 보일지를 명령한다. 옷이 생각을 가지고 있는 행위 주체자가 아님에도 불구하고 인간 행위자에게 적극적으로 생각하고 특정한 태도를 취하도록 요구한다. 생각의 주체인 인간이 어떤 옷을 입는지에 따라서 주체의 생각이 바뀌는 놀라운 역전 현상이 일어나는 것이다.

한복을 입으면 양반집 규수처럼 단아한 몸짓을 하게 되고, 힙합 옷을 입으면 자연스럽게 어깨를 들썩거리면서 건들건들하는 사람의 모습으로 변하는 이유는 무엇일까? 힙합 옷을 입고 아무리 우아하게 행동한다고 해도 힙합 소년의 이미지는 벗어던질 수가 없기 때문이다. 내가 입고 있는 옷이 내 생각과 감정에 영향력을 행사한다. 나의 판단과 선택에 따라 입은 옷은 이제 옷의 주인에게 입은 옷대로 생각하고 행동하며 감정을 표현하라고 요구한다. 이런 점에서 옷은 아무 생각이 없는 장식품이 아니다. 옷이야말로 사람을 주인으로 모시면서 적극적으로 자신을 표현하는 행위자라고 볼 수 있다. 사람만 생각하고 행동하는 주체가 아니다. 옷도 옷의 주인에게 옷의 품격이 담고 있는 의지대로 행동하라고 요구한다. 옷은 옷의 주인에게 어떤 의도를 전달할지를 결정해주는 생각과 감정의 전달자다. 내가 누구인지를 아는 방법은 내가 입은 옷을 보면 알 수 있다. 옷을 통해 나의 정체성을 정확하게 표현하기는 쉽지 않다. 하지만 내가 입고 다니는 옷을 보면 최근 나의 생각과 감정 상태를 비추어 판단해볼 수 있는 잣대가 될수 있다. 나를 바꾸려면 내가 입은 옷을 바꿔야 하는 이유다.

몇 년 전 등산 붐이 일어서 너도나도 등산을 시작하고 즐기던 때가 있었다. 어느 유명인이 청계산을 자주 오른다는 소문이 무성했던 그때쯤이었던 걸로 기억한다. 여행사에서 출국 전날, 고객들에게 해외여행 시 등산복을 입지 말아 달라고 당부하는 단체 메시지를 보냈다고 한다. 평상복으로 등산복을 입고 다니는 사람은 우리나라 사람뿐이라는 얘기도 들었다. 등산복을 입으면 산에 오르고 내리는 마음 자세와 태도가 생긴다. 산을 오르는 쾌감으로 저절로 기분이 좋아지고 만나는 사람을 생각하면 설레기 시작한다. 정상에 올라가서 함께 환호성을 지르고 싶기도 하고, 목마름을 해소하기 위해 하산하면 막걸리나 동동주에 파전을 먹고 싶은 생각도 든다. 등산복은 그만큼 등산에 걸맞은 생각과 행동을 부른다. 등산복이 품고

길을 잃어봐야 새로운 길에 펼쳐진
수많은 이야기를 마주하게 된다

물리적인 거리보다 떠올리는 기억이 많을수록
애틋하고 그립다

있는 옷에 대한 이미지와 생각이 여행객 복장으로 전환되지는 않는다. 등산복은 등산하는 사람의 자세와 태도를 담고 있고 등산복의 정체성은 등산할 때 가장 잘 드러난다. 그런데 등산복이 여행자의 옷으로 둔갑하면 등산할 때 느끼는 만큼의 감흥만 있을 것이고 진정으로 느껴야 할 여행의 신선한 즐거움과 흥미 역시 등산할 때 받는 느낌의 연장선일 수 있다는 것이다. 내가 입은 옷대로 나의 생각과 행동이 유발되고 어울리지 않는 분위기에서 왠지 모르는 이질감이 서로를 불편하게 하기 때문이다.

성격과 인성은 표정에서 드러나고 생활과 성실함은 체형에서 드러난다. 본모습은 술 취했을 때 드러나고 청결함은 손발톱과 귀밑에서 드러난다. 경청하는 능력은 말을 들을 때 드러나고 인간성은 동물을 대하는 태도에서 드러난다. 지혜는 위기를 대처할 때 드러나고 지식은 그 사람의 입에서 드러난다. 자존감은 금세 사랑에 빠지는 것에서 드러나고 가정환경은 밥 먹는 모습에서 드러난다고 한다.

이처럼 살아오면서 내 것이 된 작은 습관이나 가치관은 감출 수 없지만, 옷은 바꿔입으면서 옷과의 긴밀한 대화를 나눈다면 나의 모습을 달리할 수 있다. 작은 부분이 전체를 담고 있는 모습을 프랙탈fractal, 즉 자기유사성이라고 한다. 남해 해안선 일부만 봐도 그 전체의 모습을 어느 정도 구상할 수 있는 것처럼 한 사람의 얼굴을 보면 그가 살아온 삶의 역사와 가족의 모습을 떠올릴 수 있다. 작은 부분에 전체의 형상이 담겨 있고 무의식 중에 드러나는 작은 행동에 그 사람의 마음이 담겨 있다. 내가 입은 옷 하나만으로도 나의 인격과 인품이 드러나고 나의 진정성이 평가될 수 있다는 것은 부정할 수 없는 일이다.

스타일의 완성, 말의 습관

말은 마음에서 나온다. 그래서 말은 마음의 소리이고 언어는 생각의 집이라고 한다. 그리고 말은 인격이자 스타일이다. 언어와 문자는 인간이 소통하는 데 꼭 필요한 요소이고 공기 같은 존재이다. 마음에서 나온 말은 내가 입을 수 있는 가장 저렴하면서도 값진 옷이고 나만의 향기이다. 기분 좋은 말은 누군가의 가슴속에서 온종일 미소의 꽃을 피운다. 아무리 멋진 옷차림이라 해도 단 한마디의 말투와 말버릇으로 풍기는 악취는 나만의 매력을 한순간에 사라지게 하는 요술봉이 된다. 말이 가진 독이다.

해야 할 말과 해서는 안 될 말을 구분하는 지혜가 필요하다. 말을 잘하는 것은 옷을 잘 입는 것만큼이나 센스있게 자신의 품위를 높이는 일이다. 똑같은 말이라도 어떤 언어를 사용하여 어떻게 표현하는지에 따라 생각지도 못한 놀라운 각성과 통찰을 줄 수 있고 습관적으로 사용하는 말은 습관적으로 사고방식을 굳게 만든다. 말투는 인격인 동시에 존재 가치를 돋보이게 하는 한 사람의 스타일이기 때문이다.

옷을 입는 것도 그 사람 특유의 스타일이 살아나듯 말하기에도 말하는 사람의 스타일이 살아 숨 쉰다. 말투와 말하는 습관을 보면 그 사람 특유의 스타일을 느낄 수 있다. 두 그릇에 물을 담아두고 실험을 했다. 한쪽 물그릇에는 다정한 말과 사랑한다는 말만 하고 다른 물그릇에는 거친 말과 욕을 했다. 한 달 후 물을 현미경으로 관찰한 결과 사랑한다는 말만 들은 물은 아주 바른 결정체를 가진 반듯한 모습이고 욕설만 듣고 지낸 물은 일그러져 있었다. 어린 식물들도 사람이 하는 말의 표현에 따라 반응을 보인다. 자연의 이치를 통해서도 말의 의미가 얼마나 소중한가를 느낄 수 있다.

좋은 사람을 만나는 것도 중요하지만 먼저 나부터 좋은 영향을 주는 사람이 되어야 한다. 그것을 위한 첫걸음은 내게 하는 말투부터 시작된다. 『나는 나답게 살기로 했다』에 나오는 말이다. 말투는 그냥 생기지 않는다. 평소 그 사람이 자주 하는 생각과 행동의 산물이 자신도 모르게 내면으로 들어가 잠자고 있다가 무의식적으로 뛰어나오는 습관의 일부다. 즉 말투는 진공관에서 생기지 않는다는 말이다. 말을 듣는 순간 직감적으로 사람의 감각세포를 자극하게 해서 경각심을 갖게 만들 수도 있고 마음속 씻을 수 없는 아픔과 상처를 남기며 오랫동안 깊은 슬픔을 던져줄 수도 있기에 내 안에서 쏟아져나오는 파편들의 거름망이 필요하다.

나를 아름답게 표현해주는 주문 "나는 아름다워."를 매일매일 주문해보라. 자신이 얼마나 아름다운지 모르는 사람에게 더더욱 필요한 마음 주문이다. 내 안에서 주문한 아름다움은 나만의 아름다움을 깨우고 나를 더 아름답게 비춰주는 조명이 된다. 운동은 몸 건강을 위해 중요하고 말 습관은 정신 건강을 위해 아주 중요하다. 긍정적인 생각에는 긍정을 불러들이는 감정들이 흘러 들어오고 부정적인 생각에는 하염없이 더 부정의 나락으로 몰고 가는 감정들이 흘러들어 온다. 아침에 일어나서 거울을 보는데 얼굴이 붓고 푸석해 보이거나 뾰루지가 자리를 잡기 시작하는 날이면 기분이 좋지 않고 우울해지기까지 한다. 그 우울한 기분은 또 다른 우울함을 초대하고 우울함이 충만한 파티를 열기 시작하면 외부로부터 오는 작은 소음에도 예민해지고 스스로 초라해지는 몸과 마음은 점점 추락하며

저마다의 방식way으로 걸어가는 길에
자기다움my Way이 숨어 있다

어두운 골방으로 들어가 문을 잠그게 된다. 우리가 매사에 말과 생각을 조심해야 하고 일상을 대하는 태도나 사소한 마음가짐이 중요한 이유다.

옷이 작품이 되는 공간으로서의 내 몸, 이를 아름답게 가꾸기 위해서는 몸뿐만 아니라 스스로 내 마음에게 보내는 사랑의 메시지로 마음을 어루만지면서 잠자고 있는 감각적 각성을 자극해야 한다. '나는 아름답다'는 주문을 외다 보면 스스로를 더 사랑하자는 자기애가 싹트고 나 스스로를 더 사랑하게 된다. 내 안으로 향하는 나의 다정한 목소리에 귀를 기울이면 내 몸도 건강한 에너지를 받게 된다. 말에는 그 사람 특유의 에너지가 숨어 있다. 얼굴을 보지 않고 전화 통화로 목소리만 들어봐도 에너지 가득 찬 목소리가 있는가 하면 듣기만 해도 기분이 나빠지거나 기운이 확 떨어지는 목소리가 있다. 목소리에 사람의 기운이 고스란히 담겨 전달되기 때문이다. 목소리는 가창 연습을 하면 나아지기는 하지만 자신의 영혼과 철학이 묻어난 목소리는 누군가의 코칭이나 훈련만으로 되지 않는다. 말을 담아 울림을 주는 목소리는 곧 그 사람의 영혼과 철학을 담아내는 증표이기 때문이다.

나는 누구를 만났을 때 예전보다 얼굴이 통통하게 살이 차올라 보이고 옷이 좀 끼는 듯해 보이거나 확실히 살이 쪘더라도 "살이 쪘네요."라고 말하지 않는다. 비쩍 말랐다는 소리도 듣기 좋은 소리가 아니지만 "살쪘니?"라는 소리를 반갑게 웃으며 들어주는 사람은 전 세계 통틀어 몇 명 안 될 것이다. 50킬로그램을 넘지 않는 마른 체형이라 해도 살이 쪘다는 말은 당장 밥숟가락을 내려놓게 만드는 아주 민감해지는 말이고 세상 어느 누가 들어도 반갑지 않은 말 중의 하나이다. "어머 예뻐졌네요."라고 말하고 돌아오는 답을 기다린다. "저 살쪘어요."라고 하면서도 예뻐졌다는 말에 기분 좋은 내색을 하며 웃음을 짓기도 하는데 그 말은 달콤한 감언이설은 아니다. 실제로 살이 차오른 얼굴은 주름도 펴지고 피부도 탄력이 생겨 더 좋아 보이기 때문에 더 예뻐 보인다. 예쁜 것 먼저 보고자 하면 예쁜 것부터 눈에 들어오고 가는 말이 기분이 좋으면 오는 말도 기분 좋은 법이다. 가슴이 커서 처져 보이는 게 콤플렉스인 친구에게 무턱대고 "너 가슴이 처졌다."라고 말하는 것과 브래지어 끈을 좀 더 올려서 해보라고 말하는 것도 마찬가지 경우이다. 일상 대화 속에서 내가 전하는 말은 듣는 사람의 마음을 움직이기도 하고 닫게 만들기도 한다.

내가 먼저 예쁜 말을 전해주면 상대방의 웃는 얼굴을 볼 수 있는 것처럼 우리는 서로에게 거울이다. 말은 일종의 양면 거울인 셈이다. 내가 하는 말을 통해 나도 반성하고 그 말을 들은 사람 역시 내 말을 통해 성찰하는 계기를 제공해주기 때문이다. 내가 이미 시달리고 있는 나의 콤플렉스를 지적당하는 건 달갑지 않다. 내가 타인에게 스트레스를 주면 상대방이 받은 상처는 다시 나에게로 되돌아온다. 내뱉기 이전에 내가 그 말을 들었을 때 기분을 생각해보라. 말이 일으키는 파장은 상대방뿐만 아니라 나에게도 큰 파장을 일으키며 내가 하는 말에 가장 많이 영향을 받는 것은 바로 나 자신이다. 감각적 각성으로 자극되고 단련된 말의 습관은 당신의 소망을 이루어주며 당신의 외모도 빛나게 한다.

나의 공간도
나와 같은 옷을 입는다

인간은 환경의 영향을 많이 받는 동물이다. 어떤 환경에서 무엇을 보고 느끼고 배웠으며, 그 속에서 어떤 시간을 보냈는지에 따라서 사람은 이전과 다른 사람으로 변신하고 성장을 거듭할 수 있다. 범접할 수 없는 규모나 너무나도 잘 꾸며진 공간에 압도당하거나 내 눈이 의심스러울 정도로 멋지게 펼쳐진 자연을 마주할 때 그 경이로움에 숨이 차오르는 가슴 벅찬 전율을 느껴보았을 것이다. 나는 2001년 유럽 배낭여행을 하면서 그런 전율을 느꼈다. 몽빠르나스 빌딩에서 내려다본 파리의 모습은 풀 한 포기마저 감각 있게 심어진 누군가가 아주 잘 만들어놓은 예술작품 같았다. 전봇대 전선과 알록달록 입간판이 즐비했던 서울의 모습과는 사뭇 비교되었던 기억이 난다. 건축물과 미술에 관심이 많은 나에게 파리는 단순한 여행지가 아닌 새로운 시선을 발견하는 신선함 그 자체였다. 이탈리아 로마 인, 스위스 베른 아웃이던 일정에서 나 혼자만 스위스행을 취소하고 일주일을 더 머무르며 걸어 다녔던 파리. 공간이 주는 아름다움과 감동을 제대로 느낀 여행이었다.

영어의 '하우스'와 '홈'은 물리적인 공간과 정서적인 장소를 분리한다. 하우스와 홈을 함께 아우르는 공간과 정서를 함축하고 있는 우리들의 '집'은 인간 생활의 삼대 요소인 의식주의 '주住' 개념을 넘어선 지 오래다. 이제 우리가 생활하는 공간은 단순히 그 어떤 행위만을 위한 공간이 아니다. 단순히 생활하고 머무르는 공간이 아니라 몸과 마음을 충전하고 여가 활동을 하며 다양한 문화생활을 즐길 수 있는 삶의 주 무대가 되었다. 우리는 삶의 질을 높이기 위한 여러 방법의 하나로 공간을 가꾸고 나름대로 취향과 감성으로 그곳을 변화시킨다. 내가 생활하는 공간에 관한 관심과 공간이 주는 에너지에 대한 견해는 사람마다 다르겠지만, 공간에서도 나만의 스타일과 감각을 발견할 수 있다. 패션과 라이프 스타일의 감성은 같은 미적 기준을 가지기 때문이다.

패션 & 라이프 스타일

평범한 일상이 소중해진 요즘, 집에 머무르는 시간이 많아지면서 벽지와 커튼을 바꾸고 인테리어 소품과 식기를 새로 장만하는 사람들이 부쩍 늘어났다. 좋은 가구를 사들이고 벽에 유명한 작가의 그림을 걸어두는 것이 삶의 수준의 척도가 된 듯 너도나도 핫한 소품 하나씩은 들여야 하는 추세이다. SNS를 통해 타인의 스타일과 감각을 경험하는 것은 즐거운 일이나 나의 감성과 취향은 무시한 채 그것을 그대로 소유하는 사람들이 많아졌다. 안 입는 옷은 옷장에 잘 넣어두면 되지만 남의 감성으로 사들인 가구나 소품은 참으로 불편하기 짝이 없는 애물단지가 되기도 하는데 말이다.

옷 입기에도 어울림과 조화로움이 중요하듯이 우리가 거주하는 곳이나 어떤 공간에 옷을 입히기도 마찬가지다. 패션 스타일링의 4요소인 컬러, 소재, 패턴, 실루엣과 감성과 취향은 공간 스타일링에서도 똑같이 적용

패션은 시간이 흘러도 본질은 변하지 않는
아름다움의 산 역사다

된다. 어떤 공간의 연출을 사람의 스타일링과 동일시된 맥락으로 그려보면 공간 인테리어 공사가 사람으로 치면 성형수술이다. 입주 청소와 드라이클리닝, 세탁은 사우나 마사지와 스킨 케어가 된다. 집 안 곳곳에 놓이는 디퓨저는 우리가 뿌리는 향수이고 울려 퍼지는 음악은 우리의 목소리이다. 음악도 다양한 스타일이 있듯이 말하기, 스피치도 그 사람의 스타일이 된다. 우리가 입는 옷의 컬러는 공간을 꾸밀 벽지와 커튼, 가구, 소품의 컬러 밸런스와 같고, 면, 실크, 나일론 등의 소재는 나무 테이블이냐 대리석 테이블이냐, 소파는 가죽 소파, 천 소파 1인용 의자를 둘 것인가? 길이가 긴 소파를 둘 것인가? 각종 크고 작은 가전제품은 우리가 걸치는 액세서리인 셈이다. 얼마든지 아주 더 세분화가 가능하다. 인테리어 공사는 나의 니즈를 참작했어도 담당하는 디자이너의 손길에 의해 크게 좌우된다. 하지만 가구와 나머지 자잘한 소품에서는 자신의 취향과 감성이 배제될 수가 없다. 단순하고 심플한 미니멀을 추구하는 공간에서 에스닉하고 다이나믹한 패션 스타일링을 한 사람이 살진 않는다. 감각이 아주 뛰어난 사람이라면 공간마다 콘셉트를 두고 다채롭게 연출을 할 수도 있겠지만 일반 가정집에서는 그 범주도 아주 완벽하게 벗어나기는 힘들다.

옷을 넘어선 나다움의 연출, 공간

공간을 꾸미는 데 있어서 중요한 것은 값이 비싸고 유행하는 가구를 두는 것이 아니라 그 공간의 면적에 잘 맞는 여백의 미를 살린 조화로움이다. 우리가 머리끝부터 발끝까지 모든 액세서리를 총동원해서 스타일

자유는 자기만의 존재 이유를 아는 사람만이
즐기는 여유다

링 하지 않는 것처럼 공간에서 여백의 미는 공간의 역할에도 지대한 영향을 끼친다. 힘주기와 힘을 빼기, 모든 일에도 완급 조절이 필요한 것과도 같다. 패션 스타일링에서 중심 밸런스가 중요하듯이 공간을 차지하는 가구의 위치와 높낮이도 중요하다. 그렇게 만들어진 공간이 주는 힘은 우리들의 삶의 질을 높여주고, 건강한 라이프 스타일을 돕는다. 볼 때마다 기분이 좋아지는 그림 또는 소품, 마음에 쏙 드는 조명과 빛의 조도 등으로 일의 능률이 오르고 작업이 더 잘되는 공간은 감성 충족으로 삶과 쉼이 더 편안하고 즐거워지는 힐링 에너지를 선물해준다. 공간 컬러가 주는 인간의 심리적인 영향에 관해 알려진 연구 결과가 많으며, 공간의 재료가 되는 인체 무해한 친환경 페인트부터 오가닉 소재, 바이러스 프리 세라믹은 우리의 건강으로 이어진다. 어떤 거창한 콘셉트를 정해놓고 공간에 물건을 채워야 하는 건 아니다.

그리고 그 공간을 사용하는 데 있어서 공간의 사용 목적으로 무엇을 우선시하느냐도 중요하다. 예를 들면 불편해도 좋으니 난 꼭 이 디자이너 소파를 두어야겠다거나 장식성보다는 편리함을 추구하겠다거나 디자인보다는 건강에 중점을 둔 친환경 소재가 우선이든지와 같은 의사결정이다. 모든 것을 만족시키며 두 마리 토끼를 다 잡을 수 있다면 금상첨화지만 현실은 여러 가지 문제를 안겨준다. 직접 공사를 해야 하거나 직접 가구를 만들어야 하는 부수적인 노력도 따라온다. 공간 사용 목적이 불분명하면 어떤 공간을 만들어도 마음에 들지 않고 시행착오만 반복할 뿐이다. 공간에 아무리 좋은 옷을 입혀도 늘 마음에 들지 않는다. 수시로 마음이 돌변하고 수시로 공사를 하지 않으려면 공간을 어떤 목적으로 사용할지를 분명하게 하는 것이 우선이겠다.

우선 중심이 되는 곳, 힘을 주고자 하는 메인 포인트가 되는 공간부터 시작하고, 부피가 큰 가구부터 먼저 정하는 것이 좋다. 가장 큰 면적을 차지하는 가구부터 선택하지 않으면 아주 마음에 들어 구매한 의자나 테이블도 오합지졸 형상이 되어버린다. 다리가 얇은 사이드 테이블은 아무 곳에나 두고 사용하기 좋을 것 같지만 그냥 하나 세워두기보다는 면적이 있는 의자나 테이블과 함께 연출하는 것이 좋은 것처럼 말이다. 어느 기업 본사를 방문하게 되었는데 꽤 유명한 기업이기도 하고 이미 들은 얘기가 있어서 잔뜩 기대를 안고 들어갔다. 큰 건물에 층마다 좋은 가구와 조명으로 꾸며진 쇼룸은 머리끝부터 발끝까지 집에 있는 모든 아이템을 다 걸치고 외출한 형상으로 숨 쉴 틈 없이 빼곡히 꽉꽉 채워져 있었다. 서울 근교에 있는 아울렛 가구점에 온 듯했고, 공간을 소개받으며 둘러보는 내내 안타까움을 감출 수가 없었다. 강조할 곳은 진하게 덧칠을 하고 힘을 뺄 곳은 여백을 남겨두듯, 공간의 여백도 아름다움의 일부이다. 그 여백은 사람들 사이 마주침의 온기로 채워주면 어떨까.

공간이 주는 힘

어릴 적, 학교에서 돌아오면 요정이 마술을 부린 듯 집이 달라져 있을 때가 많았다. 아빠가 퇴근해서 오시면 다른 집에 들어온 줄 알았다고 하실 정도로 한여사님은 자주 가구를 옮기셨는데 그런 엄마를 닮아서인지 나도 가구나 물건을 옮기고 재배치하는 데는 아주 적극적인 편이다. 옮기고 싶다는 생각이 드는 순간 어디서 그런 힘이 솟았는지 가구를 밀고 있다.

추억이라는 기억의 세계에서 우리만의 특별한 시공간을 갖게 되는 일
그곳으로의 초대

부지런하고 공간 연출의 감각까지 타고나신 한여사님 덕분에 이사하지 않고도 우리는 자주 새로운 공간을 만날 수 있었다. 공간이 바뀔 때마다 느끼는 색다른 분위기와 에너지는 신선한 경험이었다. 어린 시절에도 좋은 것이 아니더라도 꼭 내가 원하는 스타일의 가구나 소품이어야 했고, 그 공간과 어울려야만 했다. 그때부터 나의 인테리어 취향과 감성은 나도 모르는 사이 조금씩 명확하게 자리를 잡고 있었던 것 같다. 공간을 바꾸는 일은 단순히 겉으로 드러나는 모습만 치장하는 게 아니다. 공간에서 누가 어떤 경험을 할 수 있을지를 미리 기획하고 설계한 다음 공간에 머무는 사람들의 동선을 바꾸고 그들 간에 주고받는 상호작용을 바꾸는 작업이다. 공간을 바꾸는 일은 결국 사람과 사람의 만남을 바꾸는 작업이며, 의도하는 경험이 발생할 수 있도록 사전에 철저하게 구상하는 디자인의 일종이다.

요즘은 유니크하고 감각적인 인테리어 디자인에 감성까지 덧입어야 한다. 감성을 자극하지 않으면 시대에 뒤처지며 고객들의 발걸음을 잡을 수가 없다. 카페에서 음료와 빵을 먹는 것이 아니라 인테리어와 소품, 음악, 조명, 매장 직원들의 스타일까지 그 공간의 분위기와 감성이 커피 맛에 더해진다. 우리 회사 가까이에 있는 감성 마케팅이 성공을 거둔 대표적인 곳을 들자면 카페 '카멜 커피'와 브런치 카페 '꽁띠드툴레아'다. 매장은 상품이나 서비스를 파는 공간을 넘어선다. 카페 역시 커피를 팔거나 기타 다른 음료만 먹고 마시는 공간이 아니다. 상품과 서비스가 매매되는 공간이 아니라 상품과 서비스를 구매하면서 고객이 느끼는 감정이나 직접 그곳에서 온몸으로 감각하는 잊을 수 없는 경험을 하는 장소다. 고객은 무슨 상품과 서비스를 샀는지 기억하기보다 그곳에서 무슨 경험을 했는지를 오랫동안 기억하고 중시한다. '카멜 커피'와 '꽁띠드툴레아'가 그런 곳이다.

커피와 음식을 파는 매장이 아니라 커피를 마시며 감성을 충전하고 분위기를 느끼며 음식을 먹으면서 내 삶의 에너지를 재충전하는 인간의 감각 체계에 영향을 미치는 감정적 교감의 장소다.

패션과 라이프 스타일 컨설팅 회사를 시작하면서 가장 크게 고민했던 부분이 인테리어 공사였다. 공사비를 최대한 줄이기 위해 가구로 분위기를 연출하고, 딱 한 가지만 공사를 한다면 그곳은 주방이어야 한다고 생각하며 가구를 보러 다녔다. 청담동 어느 가구점에서 가구를 둘러보는데 그 공간에 가구보다도 좁은 빌트인 가구와 아일랜드 주방이 눈길을 끌었다. 테이블, 의자, 거울 등 다양하게 전시된 많은 가구 사이에서 생뚱맞지도 튀지도 않은 주방이 집으로 돌아와서도 계속 생각이 났다. 누가 그 공간에 전시된 가구를 해치지 않으면서 너무나도 자연스러운 그런 연출을 했는지 궁금했다. 그 주방을 시공한 인테리어 디자이너를 직접 찾아 연락을 했다. 그 주인공은 'Less is more'의 가치를 존중하는 '키프'의 김연정 대표님. 그렇게 시작된 인연으로 우리 회사 '그랑그랑 크리에이션'의 옷 입기가 시작되었다.

그렇게 시작된 인테리어 공사는 내가 예상했던 금액을 아주 훌쩍 넘겼다. 하지만 오랜 기간을 두고 볼 때 공간이 주는 힘을 나는 충분히 얻었으며 지금도 그 기쁨을 누리고 있다. 회사를 방문하는 고객님들께도 공간의 이미지가 주는 에너지에 감동받고 있음을 여러 번 느꼈다. 공간의 힘 입기에 있어 기본 뼈대가 되는 리모델링 인테리어 공사는 충분히 투자가치가 있음을 나는 경험을 통해 배웠다. 비싼 무언가로 공간을 채우기 이전에 염두에 두어야 할 것이 있다. 패션 스타일링에 대한 즐거움이 생기면 옷을 구매하기 이전에 몸을 가꾼다. 좋은 실루엣을 살리기 위해 다이어트와

피부를 뒤덮는 인위적 모피보다
피부를 감싸는 자연적 털옷이 멋져 보이는 이유는?

운동을 하는 것처럼, 그 공간의 근본적인 개선으로 더 큰 힘을 얻을 수 있다. 그러나, 옷은 마음에 안 들면 바로바로 바꿔 입을 수 있지만, 공간은 공사비용 등의 경제적인 면을 고려했을 때 부담이 될 수도 있다. 벽의 컬러를 바꾸거나 크고 작은 소품을 이용하는 것 말고는 한 공간의 이미지를 바꾸는 것은 쉬운 일이 아니므로 더욱더 나의 감성과 취향이 반영된 공간 꾸미기가 되어야 하는 이유다.

사람은 옷을 입고 음식은 그릇을 입는다

'옷이 날개다'라는 말이 있다. 그릇도 '날개'다. 옷을 어떻게 스타일링을 하는지에 따라서 다양한 변주곡으로 연주할 수 있듯이 요리도 담기는 그릇과 테이블 세팅, 그리고 스타일에 따라서 완전 다른 맛을 느끼게 한다. 요리는 그릇만 잘 만나도 큰 데코레이션 없이 아주 훌륭한 모습을 뽐낼 수 있다. 거기에 주방장의 센스 있는 감각까지 토핑되면 사람들은 요리를 눈으로도 먹는다. 옷도 마찬가지다. 같은 옷이지만 누가 어떤 방식으로 스타일링을 해서 입는지에 따라 천차만별의 아름다움을 드러낼 수 있다. 사람이 입은 옷에 따라 사람이 달라지듯이 음식은 어떤 그릇에 담기느냐에 따라 똑같은 음식이라도 전혀 다르게 다가온다. 옷이 사람을 품는 그릇이라면 그릇은 음식을 담아내는 용기容器이자 음식의 옷이다.

먹고 살기 힘들었던 시절, 그때 나누던 안부 인사가 "밥 먹었니?"였다. 굶고 다니는 사람들이 많았던 시절의 반영이다. 우리나라 페미사이드 영화로 유명한 〈살인의 추억〉이라는 영화에 유명한 대사가 나온다.

저마다의 아름다움은
저마다의 스타일로 아름답다

"밥은 먹고 다니냐?"

간단한 인사지만 다양한 의미가 내포된 중의적 표현이다. 단순히 끼니를 때우는 한 끼 식사하고 다니느냐의 질문이 아니다. 요즘 어떻게 지내고 있냐? 밥 먹고 살 정도로 형편은 괜찮냐? 힘든 일은 없냐? 살만하냐? 등 다양한 의미를 내포하고 있는 질문이 바로 우리가 일상적으로 주고받는 "밥은 먹고 다니냐?"의 다양한 의미다. 우리는 이제 입맛, 미각만이 아니라 오감각으로 음식을 먹는 시대를 살고 있다. 음식 문화가 많이 달라졌고 다양한 음식점이 많이 생기면서 예약 없이는 식사할 수 없게 되었다. 셰프라는 직업이 부상하기 시작했고 얼마 전까지만 해도 유명한 셰프가 주목을 받게 될 줄도 몰랐다. 일명 핫플레이스로 이름이 나면 웨이팅은 당연한 일이고 반나절은 줄을 서야 하는 곳도 있다. 더불어 음식은 단순한 요리를 넘어 하나의 예술적 경지로 올라섰다고 해도 과언이 아니다. 곳곳에서 열리는 입소문이 난 요리클래스는 자리가 없단다. 그들이 만드는 음식도 예술로 대접받기에 충분할 만큼 미각은 물론 인간의 오감각을 자극할 정도로 행복한 요소로 떠올랐다.

요리에 화룡점정이 되는 그릇이 예전보다 여러모로 다양해졌다. 국내 작가들의 그릇에서부터 해외 유명 브랜드까지, 백화점에 가면 국내 브랜드보다 해외 브랜드들이 더 큰 공간을 차지하고 있다. 이제는 해외 유명 브랜드 식기들을 국내 백화점, 오프라인 숍과 유명인들의 공동구매로 손쉽게 구매할 수 있다. 몸을 담는 옷처럼 음식을 담는 그릇도 개인의 취향이다. 옷뿐만 아니라 다양한 패션 아이템도 그냥 볼 때와 다르게 착용해서 더 예쁜 것이 있고, 봤을 때 혹했는데 정작 연출해 보니 감당이 안 되는 것도 있다. 마찬가지로 식기도 예뻐서 데리고 왔는데 그냥 예쁘기만 하고 좀처럼 손이 가지 않는 식기가 있다. 보기에 예쁜 것과 음식을 담았을 때 느낌은 또 다르기 때문이다. 그래서 그릇을 구매할 때는 적어도 어떤 음식을 담겠다는 생각이 정리되고 나서 구매하는 게 좋다. 예산이 넉넉하지 않다면 더더욱 그러하다.

나는 한식기만큼은 순백색 또는 옥색 같은 아주 깔끔한 것을 선호한다. 그 이유는 한식 요리 자체가 컬러감이 강하고 다양하기 때문이다. 한국의 미는 그 어느 나라에서도 찾아볼 수 없으며 아무나 흉내 낼 수 없고 범접할 수 없는 그런 아름다움이 있다. 난 그런 한국의 미를 아주 좋아한다. 투박함 속의 고요한 아름다움. 흙에서 빚어진 거친 아름다움도 아주 매력적이다. 다른 사람 눈엔 골동품이겠지만 난 그런 것들에게서 왠지 모르는 평온함을 느낀다.

형형색색의 음식이 본래의 맛과 의미를 제대로 전달하기 위해서는 바탕이 단순한 색이 필요하다. 컬러가 다양한 음식을 컬러감이 강한 그릇에 담으면 음식 맛이 지향하는 독특한 컬러를 담아낼 수 없기 때문이다. 사용하기도 부담이 없고 식기 세척기에도 잘 견디는, 거기에 가격까지 적당한 그런 식기라면 금상첨화겠지만 요즘 유행하는 식기들은 아주 잘 모셔야 한다. 식기 세척기도 사용하면 안 되고 청소 도우미분들의 손도 타지 않게 하려고 본인이 씻어서 구석에 잘 모셔두는 이들도 있다. 그래서 나는 식기를 구매할 때 매일매일 사용하는 삼시 세끼 용인지 가끔 기분 전환용으로 사용하기 좋은 손님 접대용인지 쳐다만 보고 있어도 배가 부른 관상용인지 나 홀로 사용할 스페셜 식기인지를 구분해서 모시고 온다.

'요리를 스타일하다'라는 광고 카피를 시작으로 그릇 구매까지 이

공간에는 자기도 모르게 다가오는 순간이 살아간다

어지는 원클릭 세상이 왔다. 인스타그램 과시용 플레이팅 사진을 위한 무조건 따라 사기는 나의 주방 그릇장에 대한 예의가 아니다. 나에게 어울리는지 맞는지도 모른 채 무조건 사들이는 옷과 다를 바가 없다. 나의 감각과 감성으로 요리에 옷을 입힐 때 오감을 충족시키며 느끼는 행복감으로 주방과 식탁이 더 아름다워지기를 바란다.

스타일을
해석하다

옷으로부터 힘을 받아야 하는 우리가 옷으로부터 스트레스를 받는 안타까움을 자주 접한다. 어떤 옷을 입어야 할지 모르겠다. 거의 6~7년 동안 출근을 해야 하니까 습관적으로 걸쳐 입고 다닌 것이다. 멀리 지방에서 시간을 내어 아침 일찍 회사를 찾아온 고객님의 첫마디였다. 공기업에 다니기 때문에 화려한 옷은 부담스럽고 스커트나 원피스는 남사스럽다며 주말에도 뭘 입어야 할지 모르겠다고 했다. 저렴하면서도 소재가 좋은 옷을 사는데 편안한 옷 위주로 사다 보니 본인의 감성과 취향을 충족시키기는 커녕 자신감은 자꾸 떨어지고 '나이가 들어 보인다.', '아줌마 같다.'라는 말을 들으며 옷으로부터 전혀 힘을 받지 못하는 옷 입기를 하고 있었다. 진정한 감각의 자유를 만끽할 기회조차 제공하지 못했던 고객의 사례. 늘 입던 방식대로 입고 그걸 바꾸려는 의지나 욕망도 없었다. 대부분의 사람들은 랭보가 말하는 '감각의 착란'을 경험할 기회를 갖지 못한다. 우리는 옷이 주는 틀에 박힌 감각적 체험에 익숙해진 나머지 늘 입던 옷만 입는다. 그리고 옷이 주는 색다른 감각적 깨달음에도 익숙하지 않다. 그나마 새로운 시도를 완강하게 거부하지 않으면 다행이다.

이것도 예쁘고 저것도 예쁘고 다 예뻐서 무조건 구매하는데 옷장을 열어보면 모두 제각각이어서 옷 입기가 더 힘든 상태였다. 예쁘다는 것만 통일시 될 뿐 서로의 어울림을 기대할 수 없는 제각각의 예쁨만 뽐내는 독립성이 강한 아이템들만 사다 모은 옷장의 모습에서 조화로움은 일도 기대할 수 없다. 그 예쁨이 자리매김할 곳에 어울리느냐 예쁨을 어떻게 연출할 것이냐 하는 것에 관한 감각적 각성이 없는 막연함과 명확한 기준이 없는 쇼핑을 하면 입지 않고 버리는 쓰레기로 전락할 수 있다. 제대로 번듯하게 갖춰 입고 그에 어울리는 구두를 신고 가방을 매치하기가 어려우니 옷장은 미어터지는데 입을 옷이 없는 것이다. 그럼에도 예쁘다는 이유 하나로 충동적으로 사나 모은 나의 공간은 다채로운 만물상이 된다. 예쁘다는 이유만 찾으면 안 예쁜 것이 없다. 예쁨으로 포장된 옷들의 유혹을 뿌리치기 위한 도를 닦아야 할 정도로 우리들의 오감을 자극하는 유혹의 손길은 넘쳐난다. 예쁘기만 하고 서로 어울림이 없는 이유를 찾아내는 스타일의 해석이 필요하다. 그러기 위해서는 스스로 낯선 감각과 마주치는 경험을 해야 한다.

옷 입기의 식스 센스

자연에서 가장 안정적인 구조가 꿀벌 집의 육각형 구조다. 가장 안정적인 물의 구조도 육각수다. 6이라는 숫자는 동양에서는 특별한 의미를 갖고 있다. 천지를 뜻하는 1, 땅을 뜻하는 2, 인간을 뜻하는 3을 합치면 바로 6이 되기 때문이다. 이처럼 6은 1에서 10까지의 숫자 중에서 완벽함을 의미하는 수에 해당한다. 한편 서양에서 6은 사랑, 건강, 아름다움, 기회, 행운을 의미한다. 예를 들면 주사위에서 6은 다른 숫자를 누르는 가장 강한 숫자다. 태양의 바퀴에는 여섯 개의 빛줄기가 있다. 교차하는 두 개의 삼각형, 즉 '솔로몬의 봉인'이라 불리는 여섯 개의 꼭짓점을 가진 별은 완전한 균형을 상징한다. 기독교에서 6은 인간을 창조한 날로 알려져 있다. 창조에 소요되는 마지막 날이다. 6은 오감에 여섯 번째 감각인 육감을 더한 감각을 의미하기도 하다. 옷 입기에 관한 이야기를 하다가 갑자기 숫자 6의 의미를 장황하게 나열한 것이 조금은 생뚱맞을 수도 있겠으나 완전수 6은 옷 입기에도 적용이 된다. 옷 입기를 완전하게 만드는 중요한 여섯 가지 요소는 완벽한 옷 입기를 위한 무한 긍정의 요소다.

　　육감적인 옷 입기는 컬러, 소재, 패턴, 실루엣, 핏감, 중심 밸런스, 이 여섯 가지 요소가 저마다의 특징을 한껏 뽐내면서 전체적으로 조화를 이룰 때 완성된다. 그리고 나에게 어울리는 '식스 센스'를 포용하는 나만의 감성이 중심을 잡고 뿌리를 제대로 내릴 때 가장 완벽에 가까운 아름다운 옷 입기가 된다. 육감적인 옷 입기를 이루고 있는 여섯 가지 식스 센스와 감성이 만나 이루어내는 전체적인 조화와 균형의 미美는 우리에게 흡족함과 행복감을 선사한다. 옷 입기의 궁극적인 아름다움은 여섯 가지 요소가 조화로울 때 까다로운 아름다움으로 거듭나고 그 조화로움의 뿌리는 곧 나의 감성과 연결된다.

식스 센스 첫 번째 ＿＿＿＿ 컬러

　　빛이 없으면 색깔은 색을 잃는다. 색깔뿐만 아니라 만물이 암흑 속에서 에너지를 잃어간다. 색은 사람과 만물에게 생명을 불어넣고 그 본색을 돋보이게 밝혀주는 촉매제다. 촉매제가 없으면 본래의 정체성이 드러나지 못하고 감춰진 상태가 지속된다. 빛은 본색을 드러나게 밝혀주는 자극제다. 그런 색은 우리를 드러내는 자극제이고 우리에게 생명을 불어넣

Color
Fabric
Pattern
Silhouette
Fit
Center
Balance

옷 입기의 식스 센스

어 준다. 어떤 색을 가까이 취하느냐에 따라 상당히 다양하고 이질적인 이미지를 연출할 수 있다.

영화 〈더 기버: 기억 전달자〉를 보면 사람들이 전쟁, 차별, 가난, 고통 없이 모두가 행복한 시스템 '커뮤니티'에서 감시와 통제를 받으며 살아간다. 인간의 감정을 지운 상태에서 똑같이 평화롭고 모든 것이 평등한 세상이 완벽한 세상이라고 말한다. 아무 변화없이 다람쥐 쳇바퀴 도는 '늘 같음'의 삶을 산다. 자유도, 선택도 사라졌다. 선택과 감정의 자유를 잃은 인간은 존재의 이유가 없다. 통일된 유니폼을 입고 단조로운 라이프 스타일에 숨이 막힌다. 흑백으로 시작한 영화는 내내 색깔이 없는 무채색에 가깝다. 시간이 지나면서 주인공이 기억 전달자로서 기억과 감정을 통해 보이기 시작한 색은 한 줄기 빛과 같은 희망과 묘한 희열감마저 느끼게 한다. 사람들은 매일 출근길에 인간의 감정을 지배하는 주사를 맞는데 주인공은 자신의 몸 대신 사과를 사용한다. 주인공 조너스의 시선으로만 색을 보여주는데, '사과의 빨강, 나무의 초록, 무지개 색' 등 감독은 주인공이 알아가고 기억해야 할 정보와 느끼는 감정을 색으로 연결하여 무언의 메시지를 던진다.

이렇듯 컬러는 인간이 존재한 이래로 다양한 언어적 표현에서 소통의 수단에 이르기까지 중요한 역할을 해왔다. 공감각자들이 느끼는 소리에서 색깔을 보는 현상도 흥미롭지 않을 수가 없다.

나의 타고난 신체적인 특징은 물론 자기 정체성을 대변하는 색깔과 더불어 내가 선호하는 색깔과 빛깔도 나를 표현하는 무언의 메시지로 나의 생활 구석구석에 그 의미가 녹아 있다. 내가 옷 입기를 통해 선택한 다양한 색의 조합으로부터 드러나는 특유의 컬러 이미지는 무궁무진하다.

색깔과 빛깔은 하나의 언어로 규정지을 수 있는 것이 아니다. 열 명을 앞에 두고 빨간색을 이야기하면 열 가지 빨간색을 떠올린다. 이처럼 색은 같은 이름 아래 그 색에 대한 정보와 경험으로 사람마다 미세하고 미묘한 차이를 가진다.

〈대전 패션 대전〉에 출전할 때 염색을 한 적이 있다. 한 솥에 끓이지 않으면 같은 염료, 같은 원단, 같은 양이어도 물과 소금 등 각종 환경에 따라 염색의 결과가 다르다는 것을 알았다. 그만큼 색은 아주 예민하고 무한한 가능성이 열려 있는 요소다. 같은 색 이름인데도 원단에 따라서 다른 색을 띠는 이유도 염료와 반응하는 소재의 성질에 따라 빛깔이 달라지기 때문이다. 그런데도 사람들은 빨간색, 파란색, 노란색, 고유명사인 색에만 치중한다. "나는 노란색이 안 어울려", "너는 빨간색이 잘 어울려"라고 말할 때 어떤 노란색인지 어떤 빨간색인지를 구분하는 게 중요하다. 색도 중요하지만, 색을 다양하게 표현할 수 있는 톤이 더 중요하다. 색의 강도와 농도, 즉 밝고 어둡고 맑고 탁한 정도 등으로 색을 구체적으로 인식하는 것이 필요하다.

개인의 타고난 신체 색과 가장 잘 어울리는 컬러와 톤을 찾아주는 퍼스널 컬러도 우리에게 그런 촉매제이다. 봄, 여름, 가을, 겨울의 사계절의 특성에 적합한 퍼스널 컬러는 4~5년 주기로 변할 수 있으나 웜톤(warm tone, 옐로 베이스)과 쿨톤(cool tone, 블루 베이스)은 각각의 톤 안에서의 변화만 있을 뿐이다. 퍼스널 컬러 진단을 해보면 웜톤과 쿨톤의 영향을 확연하게 받는 사람이 있는가 하면 그렇지 않은 사람도 있다. 그러나 잘 어울리는 것과 더 잘 어울리는 것의 차이가 존재하듯 더 잘 어울리는 디테일한 톤이 있음은 명심하자. 잘 어울림과 더 잘 어울림의 조화는 완벽에 가까울 수 있

감각의 자유는 마음만 먹으면
누구나 들을 수 있는 일상의 소리다

겠지만 어울림이라는 미학적 원칙은 각자 견해와 시선의 차이에 따라 달라진다. 내가 원하는 이미지와 내가 연출하고자 하는 스타일링에 최적화되어 가장 잘 어우러지는 톤들의 조화로움이 신의 한 수가 된다. 컬러와 컬러, 톤과 톤, 컬러와 톤의 충돌도 재미있는 조화로움으로 승화할 수 있으면 더욱 멋스러운 스타일링이 될 수 있다. 자신이 선호하는 계절별 컬러에 얽매이는 것보다 더 잘 어울리는 베스트 컬러와 톤을 찾는 게 중요하다.

한번은 문화센터에서 퍼스널 컬러 강의를 하고 있을 때였다. 수강생 한 분이 문을 열고 조용히 들어오셨다. 나름 신경 써서 차려입은 티가 났지만, 머리에서 발끝까지 온통 푸른 계열이라 바로 시선 고정. 온 강의실을 얼려버릴 것 같은 얼음공주의 등장에 놀라서 질문을 드렸더니 자신의 퍼스널 컬러가 겨울이라고 진단을 받아서 그렇게 입고 다닌다고 했다. 사람들 앞에서 무안을 줄 수가 없어 말문을 닫았지만 적잖은 충격을 받았다. 퍼스널 컬러를 맹목적으로 받아들인 사례. "세탁하기 귀찮아서 블랙만 입는다", "무채색이 무난하고 안전하다. 실패 확률이 낮다."라며 컬러에 대해 스스로 규제하는 보수적인 사람이나 컬러에 소심하고 소극적인 사람, 그와 반대로 컬러를 남용하는 사람들도 있다. 컬러가 일으키는 아주 큰 파장과 효과를 안다면 컬러를 대하는 태도부터 달라질 텐데 말이다.

모임에서 그랑그랑 컨설팅 1호 고객을 반갑게 만났는데 몹시 눈에 거슬리는 쿨톤의 카디건을 입고 있었다. 차가운 핑크까지 들어간 비리디언viridian 컬러의 카디건은 가을 타입인 그녀가 절대 피해야 하는 컬러다. 푸른색을 띠는 중명도의 녹색, 비리디언은 그림 그릴 때 나도 좋아했던 컬러 중 하나다. 게다가 이너는 하얀색 티셔츠였다. 맙소사! 뭉크의 절규가 떠오르는 순간이었다. 그나마 다행인 건 카디건이 나도 탐이 날만치 예뻤다. 입이 근질근질한데 모임이 끝날 때까지 꾹 참았다. 물어보니 카디건이 예뻐서 어제 사셨단다. 쇼핑할 때 연락을 달라고 해도 소용이 없다. 그녀만의 취향과 고집을 누가 꺾으랴. "이 카디건이 꼭 입고 싶으시다면 이너로 흰색 티셔츠는 절대 안 됩니다. 카멜, 브릭, 와인, 퍼플 같은 컬러로 입으세요."라고 강한 어조로 말씀드렸다. 그분을 안아드리면서 어디 가서 "그랑그랑 컨설팅을 받았다고 하지 마세요."라며 농담 반 진담 반 충고를 드렸으나, 말괄량이 삐삐 같은 우리 회사 1호 고객은 다음에는 어떻게 입으실지, 어디까지 수용하실지, 어디로 튀실지 여전히 의문이다.

스타일 검진 솔루션은 뒤로하고 안 어울리는 것만 하지 말라는 것만 잘도 골라서 입은 고객님을 보면 난감함을 감출 수가 없다. 그런데 이상하게도 말을 잘 듣는 모범생 스타일 고객보다 말 안 듣기 최고봉 1호 고객에게 더 애착이 간다. 말을 잘 듣지 않는 고객은 나로 하여금 새로운 시도와 도전을 하게 한다. 새로운 해결방안을 제시하도록 시험대 위에 올려놓고 감각 회로를 완전 가동하게 한다. 익숙해지는 순간 삶은 지루해진다고 했다. 한마디로 지루할 틈 없이 나의 새로운 감각적 각성을 일깨워주기 때문이다.

나의 퍼스널 컬러를 알고 나에게 잘 어울리는 컬러와 톤을 찾았다면 그들과 잘 어울리는 또 다른 컬러와 톤을 어떻게 수용하고 흡수할 것인가? 하는 배색을 고민해야 한다. 사람마다 컬러의 흡수 범위와 규제 범위가 달라서 직접 컬러를 비교하고 매치하면서 아름다운 배색을 체험해보길 바란다. 처음 만났는데 왠지 끌리는 컬러가 있다면 낯선 컬러라고 외면하지 말고 위시리스트에 보관해두었다가 자신감 있게 시도해보길 바란다. 컬러를 서로 비교하며 느끼는 것이 가장 좋은데 그 감각적 체험이 나의 것

진정한 옷의 소유는 옷을 입는 순간 깨닫는 안성맞춤이며,
감각적으로 깨닫고 느끼는 향유다

이 되기 때문이다. 두드러질 수 있는 단점을 감수하고도 내가 원하는 스타일이라면 가끔은 도전하는 용기를 내보자. 부조화 속의 조화를 찾는 시도는 새로운 감각을 불러들일 것이다.

내가 생활하는 공간의 컬러도 중요하다. 그 이유는 그 컬러의 파장으로 큰 에너지를 주고받기 때문이다. 인테리어에서 통용되는 보편적인 컬러만으로 연출하지 말고, 나에게 힘이 되는 컬러와 나에게 필요한 컬러를 가까이 두면 내가 생활하는 공간에서 에너지를 받을 수 있다. 예를 들어 컬러로 인한 피로감을 줄이고 편안한 안식처 같은 느낌을 받을 수 있는가 하면, 전혀 어울리지 않는 컬러를 사용해서 자신도 모르게 피로감이 지속적으로 쌓일 수도 있다. 누가 좋아하는 컬러 또는 특정 컬러에 대한 보편적인 이미지나 고정관념을 버리고 나에게 어울리는 컬러와 조화를 찾아가야 한다. 그때야 비로소 컬러로부터 에너지를 얻고 행복한 일상을 만끽할 수 있다. 때로는 평소 선호하는 컬러에 집착하지 말고 다양한 컬러를 융합하거나 색다르게 조화를 이루는 다양한 시도를 해봄으로써 컬러에 대한 당신의 마음을 열어볼 필요도 있다. 경험하지 않았던 컬러의 조화를 통해 색다른 에너지를 얻을 가능성이 있기 때문이다.

'브랜드는 저마다 독특한 컬러가 있다. 왜일까?' 고유한 컬러를 통해 브랜드의 정체성을 표현하기 위해서다. 예를 들면 에르메스는 오렌지색으로 다른 브랜드와 차별화를 추구한다.

"모든 것은 변한다. 그러나 근본은 변하지 않는다. Everything changes, but nothing changes."

에르메스가 추구하는 디자인 슬로건이다. 끊임없이 변화와 혁신을 거듭하지만 멀리서 봐도 저 제품은 에르메스라는 걸 알 만한 사람은 다 안다. 고객의 욕망에 부합하는 부단한 변신을 시도하지만, 에르메스의 근본 DNA는 바뀌지 않는다. 근본 DNA 중의 하나가 바로 오렌지 컬러다. 에르메스 하면 상징적으로 떠오르는 오렌지 컬러를 통해 여성 고객의 소유욕이나 과시욕을 암묵적으로 드러낼 뿐만 아니라 오렌지 컬러에 담긴 명예, 야망, 성취, 힘, 황혼 등을 각인하려는 의도를 담고 있다. 본래 에르메스는 화이트 컬러로 자기 정체성을 표현하다 오렌지 컬러로 바꾸었다고 한다. 그만큼 오렌지 컬러는 특유의 강한 개성괴 저마다 마음속에 잠재된 특이한 욕망을 충족시켜주는 자유로운 컬러로 주목받았고 여전히 주목받고 있다.

샤넬하면 떠오르는 컬러는 블랙과 화이트의 로맨틱한 조화이다. 샤넬은 블랙과 화이트로 드러나는 범접할 수 없는 카리스마를 형성해왔다. 1895년, 가브리엘 샤넬은 프랑스의 외딴 시골 마을 오바진 수도원의 고아원에 버려진다. 어머니가 결핵으로 세상을 떠나자 행상이었던 아버지가 세 아이를 고아원에 맡긴 것이다. 샤넬은 12살 때 성모성심회 수녀들에게 바느질을 배워 주문받은 옷가지를 만들었다. 오바진 수도원은 샤넬에게 깊은 상흔을 남긴 곳이지만 샤넬 브랜드를 탄생시킨 사연과 배경의 원천으로 작용하기도 했다. 오늘날 샤넬의 블랙과 화이트는 그 당시 고아들이 입었던 옷과 수녀들의 의상에서 따온 것이라고 한다.

티파니는 자사의 민트 컬러를 아예 독자적인 자산으로 만들기 위해 티파니 블루라는 컬러를 브랜드 자산으로 등록하였다. 민트는 신비로운 천상의 색을 연상케 한다. 본래 티파니 블루는 울새 알의 색robin egg blue에서 유래되었다고 한다. 그렇다면 티파니는 어떻게 민트 컬러를 자사의 브랜드 정체성을 드러내는 색깔로 만들었을까. 19세기만 해도 터콰이즈

turquoise의 인기가 높아 연한 푸른색에 대한 고객들의 잠재된 욕망을 티파니는 주목했다. 빅토리아 시대 신부들은 울새알 컬러의 장식이나 브로치를 선호했다고 한다. 티파니는 고객들의 잠재된 욕망을 간파하고 민트 컬러를 아예 자사의 독자적인 브랜드 정체성을 드러내는 컬러로 만들었다.

브랜드가 저마다의 컬러로 자기 정체성을 드러내듯 나의 고유한 정체성을 드러내는 컬러 한두 개 정도는 나의 큰 무기가 된다. 각자의 브랜드 컬러는 안정적이고 편리한 컬러 코디네이션의 중심이 되어 깊이감 있는 보다 나은 이미지를 연출하기에 아름다운 구속이라고 할 수 있다. 그렇다고 브랜드 컬러에 너무 치중할 필요는 없다. 매년 제시되는 팬톤 컬러나 유행하는 색이라고 해서 무턱대고 사용하지 말고, 나에게 잘 어울리고 나를 잘 표현해주는 나만의 브랜드 컬러에 유행하는 색을 잘 접목하는 것이 먼저이면 좋겠다. 칸딘스키의 말처럼 모든 색은 각자 신비로운 삶을 살기 때문이다. 내가 입은 색이 나의 삶이고 나를 발산시키는 빛이다.

식스 센스 두 번째 _____ 소재

우주 만물은 저마다 고유한 질감을 가지고 있으며 우리는 오감으로 그 질감을 느끼고 읽을 수 있다. 한번 떠올려 보자. 시적 표현에서 포근하고 달콤한 솜사탕을 묘사하면 우리는 그 솜사탕을 떠올리는 것만으로도 솜사탕의 촉감과 입에서 사르르 녹아내리는 달콤한 미각을 연상한다. 예쁜 파스텔 색감의 시각적 연상에서 입가에 미소가 번지며 흐뭇한 표정이 지어진다. 질감이 언어로 표현되는 것처럼 옷에서도 소재의 질감은 아주 영향력 있는 요소이고 다양한 이미지를 연출하는 데 중요한 언어적 역

아름다움은 서로를 보살펴주는 가운데 탄생하는
아낌의 미덕이다

할을 한다. 흔히들 생각하는 여름에는 얇은 옷, 겨울에는 두꺼운 옷이 다가 아니다. 저마다 어울리는 소재의 두께감과 부피감, 표면감, 광택감이 있다. 흰 면 티셔츠 한 장을 두고도 소재의 강도와 농도, 조직의 탄성 정도 등에 따라 수십 가지의 면 티셔츠를 나열할 수 있다. 컬러도 형광 백색, 오프 화이트, 밀크 컬러에서 밝은 아이보리까지 우리는 모두 하얀색이라고 통틀어 칭하는데 그중에서 나에게 가장 잘 어울리는 하얀색이 있는 것처럼 소재도 컬러만큼이나 다양함을 가진다. 수건을 고를 때에도 두껍고 묵직한 수건, 가볍고 얇으며 흡수력이 좋은 수건, 매끈한 수건, 부드러운 수건 등 소재 하나만으로도 선택의 폭이 넓음을 알 수 있다. 소재의 질감이 다르면 촉감도 달라진다.

탱고가 '육체로 쓰는 언어의 시'라면 소재는 '옷으로 쓰는 촉각의 시'다. '인류가 만들어낸 가장 아름다운 춤' 탱고, 그 한 글귀에 달려가서 배우기 시작했던 탱고가 내 인생에 가장 큰 선물이 되었다. 내가 나에게 주는 선물이었던 탱고가 나에게 아주 큰 선물을 해주었다. 3관왕의 영광이다. 시작은 취미였는데 업을 넘나들면서 탱고는 나의 인생 선배이자 애인으로 애증의 관계로 살기를 몇 년, 박수 칠 때 떠나라! 탱고를 그만두고 몇 년 동안 춤이 너무 추고 싶어서 춤을 추지 않았다.

탱고 초보 시절, 춤을 보면 춤도 춤이지만 늘 땅게라(탱고 추는 여자)의 옷에 현혹이 되어 나만의 탱고복을 그렸다. 춤을 추는 댄서의 옷은 공간을 채우는 선율과 댄서 몸짓의 혼을 실어 어떠한 표현을 극대화해주는 막중한 임무를 띤다, 그러므로 춤마다의 댄스복은 그 춤을 가장 잘 표현하는 데 있어 최적화된 옷이기에 자리를 잡은 것일 테다. 타이트한 드레스를 입고 한국무용을 추는 모습이나 한복을 입고 탱고를 아무리 잘 춘다고 해도 환갑잔치에서 보기 쉬운 흥에 취한 막춤을 추는 사람들과 별반 다를 바가 없다.

탱고는 소셜 댄스로서 서로 간의 교감을 나누는 춤이다. 그러나 이 탱고에도 프로페셔널 영역이 있다. 특히 에세나리오라고 불리는 탱고는 공연용 탱고, 이른바 관객들에게 보여주는 댄스이다. 에세나리오는 공중 동작으로 서커스를 방불케 하는 현란하고 과감한 동작이 많으므로 최소의 원단으로 최대의 면적을 가리는 식이다. 탱고대회에서 챔피언 후보였던 커플이 땅게라 탱고복이 구두 굽에 걸려서 그다음 동작을 하는 데 시간을 허비하는 바람에 결승 진출마저 놓친 친구를 본 적이 있다. 스커트에 걸린 구두의 실수인가, 구두 굽에 걸린 스커트의 실수인가, 그 커플은 또다시 일 년을 기다려야 한다는 비통함에 하염없이 눈물을 흘렸다. 그만큼 무대 공연복은 기능적인 면에서 디자인과 소재가 매우 중요하다.

탱고복은 댄서마다 선호하는 드레스가 있기도 하고, 춤과 음악, 무대에 따라 다양하게 연출하는데 댄서의 곡진 몸에 잘 흘러내려 육감적인 실루엣을 아주 잘 살려주는 드레스를 주로 많이 입는다. 댄서의 움직임을 따라다니며 우아한 춤사위를 더 잘 표현해주고 공간의 에너지로 함께 춤을 추는 듯한 소재로 만들어진 드레스는 엘레강스한 탱고를 더욱더 우아하고 아름답게 한다. 군더더기 없이 절도 있고 파워풀한 연출이 필요할 때 입는 아주 심플하고 단정한 드레스 역시 탱고의 역동적인 동작을 더욱더 아름답게 표현해준다. 모두 일장일단이 있다. 디자인이 과하거나 스커트에 슬릿이 많아서 움직임을 방해하거나 너무 나풀거리는 옷은 춤이 지저분해 보일 수 있다. 단정한 드레스는 춤을 추는 몸사위가 적나라하게 드러나기에 그런 옷을 입고 실수라도 하게 되면 "저 실수했어요!"라고 친절히 말해주는 상황이 된다. 그래서 그런 단정하고 몸에 아주 잘 맞는 드레스는 정말 고수들이 입어야 하고 초보자들은 무조건 실수를 만회해줄 수 있는 하늘거리는 쉬폰이나 실크의 플레어스커트를 입어야 한다는 것. 우리들의 생활에서도 마찬가지로 이러한 경우의 수를 따져보아야 하겠지만, 나에게 어울리는 소재가 먼저라는 이야기를 하고 싶은 것이다.

'탱고' 하면 남미가 주는 정열의 이미지와 함께 대표적으로 매혹적인 장미, 레드의 이미지를 쉽게 떠올린다. 뽀마드 기름으로 잘 빗어 넘겨진 헤어, 블랙 슈트를 말끔히 차려입고 광을 낸 구두를 신은 남자와 블랙 또는 레드의 드레스를 입고 입술에는 빨간 장미를 물고 있는 그림이나 사진을 한 번쯤은 보았을 것이다. 탱고는 강렬한 컬러의 드레스에 화려한 비즈장식과 반짝임으로 관객들의 시선을 끌고 더 자극하게 되는데 나는 강렬한 원색이 어울리지 않을뿐더러 컬러풀하고 번쩍거림이 심하거나 콘트라스트 대비감이 큰 드레스를 입으면 왠지 불편하고 춤마저도 어색해 보였다. 옷이 불편하면 누가 뭐라고 하지 않아도 우리의 몸이 가장 먼저 눈치를 채고 신호를 보낸다. 그리고 내가 빨간색 스커트를 입는다면 나에게 어울리는 빨간색과 소재, 광택감의 삼박자가 잘 맞는 그런 옷감을 골라서 가장 잘 어울리는 디자인으로 직접 제작해서 입어야 했다.

나는 직접 무대복을 만들어 입으면서 소재에 따라 어울림의 정도가 다르다는 것을 명확하게 알게 되었다, 나에게 잘 어울리는 컬러 톤을 알고 있었지만 제아무리 탱고라고 해도 비비드한 톤을 입을 수는 없다는 것과 광택감도 중요하다는 것을 알게 되었다. 너무 과한 광택감이나 반짝임, 번들거림은 나를 가리는 요소가 된다는 것, 그렇게 점점 어울림의 수위가

당신은 옷이 걸어오는 말을 들어본 적이 있나요?

명확해져 갔다. 확실히 나는 무겁고 힘이 있는 두꺼운 소재보다, 가볍고 부드러우며 매트한 소재보다 약간의 고급지고 소재 자체의 전체적인 은은한 광택이 있는 소재가 잘 어울린다. 그리고 어두운 톤의 옷을 입을 때에는 소재가 더 중요했고, 비비드한 톤의 의상은 연습복으로도 입지 않았다. 그러다 보니 소재의 특성을 잘 살리는 디자인을 하게 되는데 정형화된 직선적인 드레스보다 러플과 드레이프가 있는 우아하고 아방가르드함을 강조하는 디자인 위주로 제작하게 되었다. 그렇게 나의 공연복은 나에게 가장 잘 어울리며 돋보이게 하는, 나라는 사람에게 가장 최적화된, 덕분에 제2의 김윤우로 거듭날 수 있었다.

탱고 공연을 앞두고 여섯 시간 동안 속옷만 입은 채 그 속옷 위에 천을 둘러 가며 바느질을 해서 완성한 탱고복도 있었다. 탱고 오케스트라의 연주가 울려 퍼지는 감성 충만한 무대에서 나에게 아주 잘 맞는 드레스는 나를 탱고 속으로 밀어 넣어준다. 내가 옷을 입은 것이 아니라 옷이 나를 입었다. 나와 옷은 동떨어져서 서로가 서로를 둘러싸고 있는 치장이 아니라 혼연일체가 되어 나와 옷이 구분되지 않는 한 몸이 되었다. 옷은 이미 나를 보듬고 품어서 나만의 고유한 성격을 드러내고 나는 옷을 입고 옷이 말해주고 싶은 대로 말을 한다. 그렇게 옷과 나는 너와 내가 구분되지 않는 우리가 된다.

식스 센스 세 번째 _____ 패턴

영화는 시대의 문화와 사회를 반영하는 거울이다. 거울 속 미장센의 시각적 서열에서 우위를 차지하는 영화 속 등장인물의 의상은 가장 돋보이는 꽃이라 할 수 있다. 1990년에 개봉된 영화 〈귀여운 여인Pretty

Woman〉은 90년대 감성의 러브스토리로 줄리아 로버츠의 사랑스러운 함박웃음과 함께 영화 속 의상이 더 기억에 남는 영화이다. 30년이 지난 지금의 패션과 견주어도 크게 시대에 뒤떨어짐이 없다. 극과 극의 다양한 패션과 그녀의 패션 스타일링은 영화를 보는 재미를 더하고 보고 또 보게 만든다. 탄성을 자아내게 하는 스타일리시한 미장센을 연출한 게리 마샬 감독님께 다시 한번 존경을 표하게 될 만큼 사랑으로 달려가는 주인공들의 공간 미술도 아름답다. 길거리 여성에서 신데렐라로 변신하는 그녀의 신분 변화는 그녀가 갈아입는 섹시한 걸크러시 스트리트 패션에서부터 레드 카펫의 우아한 페미닌룩과 함께 우리들의 오감을 자극하고 만족시킨다. 시간이 흐를수록 달라지는 주인공 비비안의 옷차림에서 관객들은 대리 만족감을 느끼고 꿈과 사랑, 염원을 품어보기도 한다.

　　2007년 영국의 온라인 패션숍 '미스터 버터플라이'가 실시한 영화 속 최고 드레스 설문조사에서 줄리아 로버츠가 영화 〈귀여운 여인〉에서 입은 브라운 계열의 폴카 도트 드레스와 어깨를 드러낸 드레스가 4위를 차지했다. 또한 줄리아 로버츠는 이 영화에서 모두 십 여 벌의 다양한 드레스를 선보였는데, 어깨를 드러낸 붉은색 드레스 역시 10위권 내에 이름을 올려 2관왕을 차지했다. 영화 포스터에서 볼 수 있는 사이하이 부츠와 포카 도트 앙상블에 넓은 챙 모자와 장갑은 여성들의 로망이 되었다. 도트 무늬가 유행함에 따라 20년이 지나 다시 각광을 받기도 했지만 비비안의 폴카 도트 드레스는 앞으로도 영원할 것이다. 패션은 돌고 돈다는 말에 반기를 들 수 없음의 명백함을 보여주는 영화이다.

　　영화 〈귀여운 여인〉의 줄리아 로버츠의 드레스를 입은 와인의 출시 소식은 다시 한번 우리를 90년대 〈귀여운 여인〉의 영화 속으로 떠나게

한다. 〈귀여운 여인〉의 오마주 까바인 '프리티우먼 까바(Pretty Woman Cava Brut Reserva NV)'이다. 영화 〈귀여운 여인〉의 의상을 오마주하여 콜라보한 스파클링 와인은 영화 속 줄리아 로버츠가 입었던 원피스를 그대로 재현한 듯하다. 유니크한 개성을 뿜어내는 보틀과 패키지는 와인을 마셔보지 않았지만 귀엽고 사랑스러운 미각을 느끼게 하며 함께 마시는 사람과 사랑에 빠질 것 같다.

그 당시 일명 땡땡이, 도트 무늬가 장안의 화제였다. 도트 무늬 원피스는 모든 여성의 로망이었고 도트 무늬 원피스 하나 없으면 간첩일 정도로 대유행이었는데 난 너무 안 어울려서 사 입을 수가 없었다. 줄리아 로버츠가 입어서 더 예뻐 보이기도 했겠지만 고급스러운 실크 소재의 브라운 컬러에 화이트 도트 드레스는 전 세계 여성들의 지갑을 한방에 열게 할 만큼 충분히 매력 있는 옷이다. 어찌 됐든 도트 하나는 걸쳐보고 싶었던 나는 작은 스카프를 하나 샀다. 쉬폰 소재의 검정 바탕에 흰 도트 무늬이고 모서리 끝에 검정색 끈과 다른 모서리에 라벤더 컬러 끈이 있는 스카프였다. 그러나 어색해서 한 번도 두른 적이 없다. 그때 나는 도트 무늬가 안 어울린다는 것을 알았지만 그 이유는 몰랐었다. 도트 무늬뿐만 아니라 패턴 자체가 안 어울리지만, 더 중요한 점은 바탕과 무늬의 대비감이란 걸 그때는 인지하지 못했던 것이다.

바탕과 무늬가 강한 대비감의 패턴이 어울리는 사람이 있고 중간 정도의 대비감, 그리고 무늬와 패턴이 두드러지지 않는 것이 어울리는 사람이 있다. 패턴의 유무를 비롯하여 나에게 잘 어울리는 패턴의 종류 그리고 적당한 대비감을 찾으면 옷 입기가 훨씬 수월해진다. 나는 그것을 알고 난 후부터는 옷뿐만 아니라 각종 소품에서도 무늬에 대한 나만의 확실한 콘셉트를 가지게 되었다. 내가 좋아하는 무늬와 나에게 어울리는 무늬에 대한 분별력을 키우게 되었다. 좋아하는 것과 어울리는 것의 적당한 곳에서 협상하는 즐거움까지 더한 경제적인 쇼핑을 하게 된 것이다. 여기서 말하는 패턴은 무늬의 생김새를 말한다. 곡선, 직선, 사선, 기하학적인 무늬, 도트, 플라워, 체크 패턴 등 독특한 문양에 이르기까지 크고 작은 무늬와 문양은 하나의 개체 또는 군을 이루어 다양한 패턴을 만든다. 무늬가 모이면 독자적인 문양이 생기고 패턴이 만들어진다. 개별적이고 다양한 무늬가 그 누구도 흉내 내기 어려운 고유한 문양을 만든다. 그리고 문양이 일관되게 유지 반복되면서 패턴이 형성되는 것이다. 무늬가 문양을 만들고 문양이 패턴을 만들어 갈 때 한 사람의 고유한 아름다움도 우아하게 드러난다. 문양, 패턴은 옷감이나 벽지 또는 인테리어 소품에 다채로운 생명력을 불어넣어주는 디자인적 요소이다. 아름답고 화려한 무늬나 독특한 전통 문양은 예술작품이 되기도 하고 화가들의 그림이나 예술작품이 옷감이나 인테리어 소품의 일부 또는 전체의 무늬가 되기도 한다.

〈22 Taste‑Scale Method〉 어드바이저 과정을 함께 공부한 어떤 선생님 이야기다. 그분은 늘 패턴이 들어간 옷을 즐겨 입고 오셨는데 예쁘다는 느낌보다는 옷의 문양이 참 커보였다. 그때는 과감한 스타일을 좋아하시나보다고 생각하고 말았다. 어느 날은 네이비 컬러의 큰 꽃무늬가 있는 색그린 컬러 코트를 입었는데 사람은 안 보이고 네이비 컬러 꽃만 둥둥 떠다녔다. 소재도 뻣뻣하고 벨모양의 실루엣이 어울린다는 느낌을 받을 수가 없었다. 누군가가 코트가 예쁘다고 했더니 기성복이 아니라 맞춰서 입으신 코트라고 했다. 어느 날 컬러협회 연말 행사에 참석했는데 그 선생님이 사회를 맡고 계셨다. 그레이 컬러의 우아한 드레스를 입은 모습에 깜짝 한번 놀랐고 너무 잘 어울려서 두 번 놀랐다. 다시 수업 시간에 만났을 때 그때 입은 그레이 드레스가 너무 예뻤다고 했는데 본인은 별 감흥이 없어 보였다. 수업 과정이 끝나갈 때쯤 그 선생님의 테이스트가 엘레강스라는 것을 알게 되었다. 엘레강스 감성의 소유자는 패턴이 없고 곡선미를 살린 그레이시 한 의상이 잘 어울린다. 그 선생님은 자신의 감성은 모른 채 여태까지 디자이너의 감성으로 옷을 입은 것이다.

티끌 하나 없는 무지에서 예술작품을 방불케 하는 패턴까지 나에게 어울리는 패턴의 영역을 한 번에 찾기는 쉬운 일이 아니다. 무늬의 크기와 율동감, 그 무늬와 바탕의 콘트라스트 등을 함께 잘 고려하여 패턴을 과감하게 사용하다 보면 어울림이 읽히기 시작한다. 이른바 '패턴의 강도'를 익히게 되는 것이다. 패턴이 없는 옷을 선호하지만, 꼭 그 패턴을 입고 싶은 경우라면 두 가지 이상의 컬러를 허용하지 않는다. 컬러가 마음에 쏙 들어서 옷을 사려고 핏팅을 했다. 소재도 잘 어울리고 핏감도 좋은데 무언가 2퍼센트 부족함을 느낀다면 패턴과의 협상이 필요한 사람이다. 컬러를 수용하는 폭이 넓고 다양한 톤을 스타일링할 때 큰 문제가 없는데 무언가 20 퍼센트 부족함을 느낀다면 패턴으로 부족함을 풀어보길 바란다.

식스 센스 네 번째 _____ 실루엣

실루엣silhouette이 핏감을 만나 중심 밸런스를 이루면 가장 아름다운 옷 입기의 우아함이 완성되는 순간이다. 실루엣이 없는 핏감은 스튜핏stupid해 보이고 핏감이 없는 실루엣은 루즈loose해 보인다. 실루엣과 핏감이 동시에 조화를 이룸은 물론이고 중심 밸런스까지 맞으면 슈트 핏이 제대로 드러나 보이면서 말문을 막아버릴 정도의 완벽한 옷 입기로 자기 정체성이 확연하게 드러난다. 슈트 핏suit fit과 스튜핏stupid 사이에는 좁은 거리지만 돌이킬 수 없는 엄청난 차이가 존재한다. 실루엣은 전체적인 균형을 한눈에 표현해주는 외형적 윤곽이다. 나의 바디라인에 적당하게 잘 맞게 또는 여러 가지 아이템의 스타일링으로 다양한 실루엣 연출이 가능하다. 실루엣은 옷이나 사물의 소재와 밀접한 관계를 가진다. 자세히 들여다보면 소재와 실루엣의 합이 아주 좋을 때 아찔한 실루엣을 가진 작품이 탄생한다. 옷이나 사물에서 소재와 실루엣의 상관관계를 보면 매우 과학적이다. 실루엣을 결정짓는 요소가 옷에서는 소재이며 사물에서는 재료이다. 소재가 바디라인과 궁합이 맞을 때 환상적인 실루엣이 탄생하는 이유다. 소재가 내 몸과 만나서 만들어내는 촉감이 이전에 받아보지 못했던 감각적 각성을 일깨울 때 비로소 실루엣은 옷 입기를 힘입기로 연출해주는 원동력으로 작용한다.

그림에게는 액자가 옷이 되고, 책에는 커버 디자인이 옷이다. 꽃에게는 꽃병이 옷이라고 할 수 있는데 나는 꽃다발을 선물 받으면 어떤 옷을

그림자에도 그 사람의 고유한 감각은 살아 숨쉰다

입힐지를 먼저 생각한다. 전체적인 실루엣이 아름다운 모습을 위해 어울리는 꽃병을 찾는 것이다. 딱 맞게 어울리는 높이와 크기의 꽃병이 없을 때는 가지고 있는 꽃병 몇 개를 꺼내놓고 꽃을 분류하여 나누어 꽂는다. 꽃병은 하나만 있으면 되는 것 아니냐고 하는 사람도 있다. 하지만 옷에 따라 전체적인 실루엣이 달라지듯이 같은 꽃이라 해도 어떤 꽃병에 어떤 소재들과 함께 어떤 스타일로 담느냐에 따라 실루엣과 분위기는 완전히 달라진다. 내가 꽃병을 사고 또 사는 이유다. MJ 크리에이터는 '그 비싼 걸 왜 크기별로 사나요?', '그게 저번 거랑 어디가 달라요?', '꽃병 입구가 좁은데 꽃다발을 어떻게 꽂나요?' 라는 질문으로 나에게 신선한 충격을 주었다. MJ 크리에이터를 위해서라도 '내가 가진 꽃병을 위한 플라워 클래스'를 열 계획이다. 어느 날 옷을 입었는데 오늘따라 더 날씬해 보이고 키가 더 커 보이기도 하는 이유는 전체를 아우르는 균형감 있고 조화로운 실루엣을 연출했기 때문이다. 굽이 높은 구두를 신은 이유를 제외하면 말이다.

식스 센스 다섯 번째 _____ 핏감

의복의 실루엣은 어깨, 허리, 스커트, 팬츠, 외투 등이 형성하는 선으로 결정된다. 옷을 입는 사람의 몸매와 행동, 인공적인 또는 자연적인 바람과 같은 환경의 영향으로 인해 다양한 실루엣이 만들어진다. 테이스트 스케일에서 테이스트마다 제시되는 실루엣은 방대한 편이고 패션 한 가지에만 국한된 것이 아니다. 그래서 실제로 옷을 입을 때에는 골격 진단이 말해주는 핏감이 더 구체적이고 효과적이라 할 수 있다. 골격 진단의 세 가지 타입으로 알게 되는 세 가지 핏감을 쉽게 말하면 다음과 같다.

적당히 잘 맞는 정사이즈의 저스트 핏just fit, 몸의 실루엣을 조금은 적나라하게 드러내는 타이트 핏tight fit, 느슨하고 여유로운 핏감이 멋스러워 보이는 오버 핏over fit 또는 크기가 넉넉하여 몸에 달라붙지 않는 루즈핏loose fit이다. 골격진단을 받지 않은 사람이라도 이 세 가지 핏감으로 미루어 짐작해서 어느 정도는 자신의 타입을 유추해 볼 수 있다. 나에게 맞는 핏을 입었을 때 느껴지는 착용감은 잘 맞는 신발을 신었을 때만큼이나 편안하다. 슬림핏을 입어야 하는데 핏감이 전혀 없는 재킷이나 일반 드레스 셔츠를 입어서 실루엣을 살리지 못하는 남성들이 많다. 반대로 여유로운 루즈 핏loose fit이 잘 어울리는 사람이 타이트한 슬림 핏slim fit을 입어서 지불한 옷의 금액을 저렴하게 만들어 버리는 경우도 있다. 여성들보다 스타일링 아이템이 단조로운 남성들에게 핏감은 더 중요한 요소로 작용한다. 핏감만 바꾸어도 3~5킬로그램의 체중을 줄인 다이어트 효과를 볼 수 있다. 모두들 "마른 사람은 다 뭘 입어도 예쁘다."라고 입을 모은다. 대학 시절부터 지금까지 XS, 44~55, 34~36의 고정 사이즈인 나는 말랐음에도 안 어울리고 안 예뻐 보이는 옷들이 많다. 그런 말을 들을 때마다 말라서 다 예쁜 게 아닌 이유가 목구멍까지 올라오지만 삼키고 만다. 마른 사람은 웬만한 사이즈의 옷을 입으면 뚱뚱해 보이지 않는다는 것에 초점이 맞춰진 말이라고 이해를 하고 넘어간다. 한때 넝마주의 패션이 유행한 적이 있다. 누구에게는 너덜너덜해 보이는데 다른 누구에게는 아주 멋스러워 보인다. 남자친구의 화이트 셔츠를 입고 헝클어진 머리를 하고 침대에서 일어나는 여배우가 멋있어 보여서 따라 했는데 섹시하기는커녕 아빠 셔츠를 입은 듯한 모습이라면 루즈 핏은 과감히 포기하는 것이 좋다. 루즈 핏이 어울리지 않는 타입이다.

몇 해 전부터 롱패딩이 유행하면서 미쉐린 타이어가 거리를 활보

하는 모습을 종종 본다. 교복이든 슈트든 잠옷 바람으로도 롱패딩 하나만 걸치면 모든 것을 해결해주는 마법의 아이템. 롱패딩은 직업 불문하고 모두에게 인기 아이템이었다. 하지만 근육질의 입체적인 몸매를 가진 사람이라면 패딩을 구입할 때 더 신중해야 한다. 내가 그 미쉐린 타이어가 될 수 있기 때문이다. 패딩을 구입할 때는 숏 패딩인지 롱 패딩인지 길이감도 중요하지만 부피감과 실루엣에 더 신경을 써야 한다. 두툼하고 부피감 있는 패딩에서 부피감이 적은 경량 패딩을 다양하게 입어보면서 나에게 잘 맞는 핏감을 느껴보길 바란다.

식스 센스 여섯 번째 _____ 중심 밸런스

중심 밸런스balance에 따라 실루엣이 달라지기도 한다. 하이 웨스트 라인high waist line의 원피스나 바지가 하체를 길어 보이게 하는 효과도 있지만, 가슴이 큰 사람에게는 자칫 큰 가슴을 부각시켜 상체가 더 커 보일 수 있다. 자신에게 잘 맞는 중심 밸런스를 찾으면 전체적인 실루엣의 균형과 조화로움으로 안정감을 느낄 수 있다. 티셔츠에 청바지를 입은 비슷한 스타일링에도 중심 밸런스에 따라 큰 차이가 난다. 그 이유는 컬러, 소재, 패턴의 다른 스타일링 요소를 무시하고 본다고 해도 핏감과 중심 밸런스의 수위 조절에 따라 스타일의 차이가 확연하게 드러나기 때문이다. 중심 밸런스만 잘 찾아 입어도 밑위길이가 짧은 로우 웨이스트 청바지가 유행하던 때에 '요롱이'라고 놀림을 받았던 사람들은 그 설움을 씻을 수 있다. 중심 밸런스를 찾는 방법은 실제로 옷을 입어봐야 한다. 중심을 내려서 맞췄을 때 안정감이 있어 보이는 사람이 있는가 하면 중심이 아래로 내려오면 전반적인 균형이 깨지고 스타일링에도 조화로움이 무너지는 경우가 발생한다. 그리고 되도록 가슴 윗부분에 장식적인 요소를 두어 시선을 위로 올려야 하는 사람이 있는가 하면 그렇지 않은 사람도 있다. 시선을 고정시키는 브로치의 위치도 중요하다. 브로치의 소재, 실루엣, 볼륨감을 고려하지 않은 채로 무턱대고 꽂은 브로치는 전체적인 균형을 깨뜨릴 수 있다. 전신 거울 앞에 서서 허리 벨트를 가지고 자신의 허리선을 찾아보자. 가장 잘록하게 들어간 부분에서부터 위아래로 움직이면서 전체적인 실루엣의 균형과 조화를 찾았다면 나에게 잘 어울리는 상의 길이도 알 수 있다.

상체는 얇은데 하체가 크고 두껍다거나 또는 상체에 비해 다리가 유독 얇은 사람들은 중심 밸런스를 찾는 것이 더 중요하다. 상체를 헐렁하게 입고 다리를 강조하는 스타일링을 하는 사람을 많이 본다. 다리가 얇아서인지 걸음걸이도 더 불안정해 보인다. 얇은 다리만 강조하기보다 잘 맞는 중심 밸런스를 찾아서 균형감을 찾는 것이 우선이라 하겠다.

육감적인 옷 입기, '감성'으로 완성되다

태어나서 입기 시작하는 배냇저고리부터 돌잔치에서 입는 한복과 드레스는 주로 엄마의 감성과 취향이거나 그 시대 트렌드에 따른 결과이다. 둘째 조카가 유아원을 다니기 시작했을 무렵부터 서랍장을 다 열어두고 새언니와 옷 입기 씨름하는 모습이 매우 흥미로웠다. 조카가 고집을 부린 옷을 보며 아이들의 감성과 취향 형성 시기에 대해 궁금해 한 적이 있다. 유아기 때 보여주는 상호소통의 사회적 미소를 시작으로 아기의 정서는 2년 동안 분화되며 생후 2년이 지나면 성인에게서 볼 수 있는 모든 정서가 나타난다고 한다. 울음, 웃음, 기쁨, 공포, 분노, 애정 등 나이의 증가와 함께 정서적 감수성도 증가하고 표현방식도 명확해지고 세련되어진다. 기본 정서의 발현은 영아기에 완성되는데 그때 감성과 취향은 부모로부터 받는 영향도 크겠지만 성격 발달의 기저를 이루는 정서 발달과 함께 영, 유아교육과 환경의 영향도 크다고 본다.

우리는 나에 대해 제대로 알고 옷을 입기 전에 이미 타인의 감성에 영향을 받은 옷을 입고 자란다. 초등학교 입학식에 본인이 옷을 골라 입었던 사람은 거의 없을 것이다. 부모님과 함께 쇼핑했더라도 경제권을 가진 부모님의 영향력이 더 클 수밖에 없었을 것이고 내가 골라서 입는 옷도 부모님과 주변 지인들의 취향이었다. 나의 패션 정체성이 생길 즈음해서는 교복을 만나 어울림에 대한 감각을 키워볼 시간도 없이 성인이 된 사람들도 많다. 졸업하기 바쁘게 사회생활을 시작하는 사람들은 내 옷장에 옷들이 나에게 잘 어울리는지 아닌지 생각해볼 기회조차 가지지 못하고 출근복을 구입한다. 패션 트렌드에 이끌려 너도나도 도토리 키재기식 옷 입기를 시작하는 것이다. 의복 자율화를 선언한 한 기업체에서 직원들이 교복이었던 슈트 차림을 벗어던지고 나니 옷을 입기가 더 힘들어졌다고 토로했다. 회사는 스마트 캐주얼룩과 쿨비즈룩의 이해를 돕고 자신에게 어울리는 스타일을 찾을 수 있는 스타일링 강의를 제공해 주었다.

감성은 머리로 논리적으로 판단하기 이전에 가슴으로 다가오는 느낌이다. 느끼는 사람이 그 느낌을 잘 모를 수는 있으나 느낌은 거짓말을 하지 않는다. 사람이 옷을 입은 모습을 보았을 때 논리적으로 설명하고 분석하기 전에 이미지에서 먼저 느껴지는 것이 감성이다. 감성은 논리적 설명의 대상이 아니라 감각적 각성의 대상이다. 머리로 생각해서 이해는 할 수

그릇은 비워야 비로소 자기 존재의 아름다움이 드러난다
모든 존재는 자신을 비워야 자기다움이 드러난다

있지만 설명해서 아는 것이 아니라 내 몸이 직접 해보지 않고서는 느낄 수 없는 것이 감성이다. 그리고 또 내가 선택해서 입고 취한 옷과 소지품들이 나의 감성을 말해준다. 내 몸에 맞는 감성은 내 몸이 아는 것이기에 내 몸이 나의 감성을 원하기도 한다. 감성은 분석하고 설명해서 이해될 수 있는 속성이 아니라 몸으로 직접 느껴보지 않고서는 알아낼 수 없는 신비한 탄성歎聲이다.

감성은 체험이 따를 때 비로소 나의 것으로 안착한다. 몸으로 체험하고 가슴으로 온 느낌이 머리로 올라가서 생긴 결과물이 지성과 이성이다. 이성 이전에 감성이 먼저 발동한다. 지식만 강조된 현대인들은 머리만 무거워지고 있다. 몸은 안 움직이고 머리만 쓰니까 머리만 무거워지고 몸으로 느끼는 신체적 감수성은 현격히 떨어졌다. 어릴 적 하던 수건 놀이를 생각해 보면 내 뒤에 수건이 떨어진 것은 머리로 아는 게 아니다. 공기의 흐름과 미묘한 진동과 주변 분위기를 몸으로 느끼는 것이다. 사회가 지성을 강조하고 스마트한 머리를 우선시하다 보니 따뜻한 감성이 사라지고 있다. 타인을 이해하고 누군가의 아픔을 가슴으로 느끼는 감수성은 점점 실종되어간다. 그러다 보니 내 몸이 무슨 옷을 원하는지 나에게 무엇이 잘 어울리는지를 느끼지 못하는 감각적 보수주의에 빠져서 옷이 나에게 말을 걸어와도 듣지 못한 채 살아가는 것이다.

"당신이 무엇을 알고 선호하고 애용하느냐가 당신의 많은 걸 설명한다. 우리는 대립하는 두 개 중 하나를 선택하거나 둘을 조합하여 고유한 스타일과 형식을 만든다. SNS에서 모든 계층의 사람들이 자신의 생활양식을 보란 듯이 전시한다. 완벽한 집, 완벽한 식기 세트, 완벽한 가을 패션, 모두가 완벽하다고 여기는 물건들, 자아도취에 빠진 우리는 이를 마치 독보적인 트렌드 감각인 양, 다른 사람은 거의 도달할 수 없는 섬세한 미적 감각인 양 어루만진다. 그러나 실제로는 모든 것이 다르게 작동한다."

『아비투스』(도리스 메르틴 지음, 배명자 옮김, 다산북스, 2020)에 나오는 말이다. 내가 무엇을 선호하는지를 판단하는 기준이 모호한 상태에서 다른 사람의 취향이나 스타일을 보고 흉내낸다. 다른 사람에게 어울려 보이는 것도 내가 하면 다른 감각적 각성을 주면서 전혀 다른 어울림의 형태로 다가오는데 말이다. SNS에 도배된 저마다의 자랑과 과시의 트렌드를 쫓아가다 보면 유행에 물들다 보면 정작 중요한 나는 온데간데 없게 될지도 모른다. 내 느낌으로 다가오는 옷을 입고 내가 추구하는 삶을 만들어나가야 하는 데 느끼는 행위 자체를 등한시하거나 타인의 그런 표현을 무시하기도 한다. 오감각을 통해 얻는 내 느낌에 귀 기울이지 않고 타인이 올려놓은 사진과 영상을 보면서 그들의 감각에 길들여지면서 살아간다. 화려한 감각으로 무장한 현란한 이미지나 영상을 시각적으로 먼저 받아들여 인식하고 정착시켜버리다 보니 나의 감각적 기능은 쇠퇴한다. 더욱 심각한 문제는 아이들이 글을 읽으며 상상의 나래를 펼치는 독서 대신에 누군가 두꺼운 책을 읽고 정리해준 동영상에 의존하는 것이다. 이것은 나의 사유 체계를 세우기도 전에 사고의 기반이 무너지고 있는 것이다. 그렇게 되면 내 감각적 가능성의 꽃이 피기도 전에 시들어버렸거나 아예 잠자고 있어서 내가 행복하다고 느끼는 순간이 언제인지도 망각하게 된다.

내가 입으면 기분이 좋아지는 느낌을 찾아 나의 독특한 이미지가 구축되는 옷 입기가 점차 실종되고 있다. 사실 '나의 느낌'을 모르며, 자신 없어한다. 이것은 본인이 시행착오를 통해 경험하며 체득할 수 있는데 타인과 전문가들의 정답이 있다고 생각한다. 그래서 일찌감치 자신의 감각이 키울 기회를 주지 않으며 성장한다. 그러다 보니 타인의 판단과 어쩔 수 없는 반강제적 입김으로 부풀려진 것을 선호하고 그들의 욕망을 선망하고 충족하다 보니 정작 내가 행복하다고 느끼는 충만감은 반감한다. 오로지 내가 느끼는 감각에 취하고 입어서 기분이 좋아지는 옷 입기에 취해보고 싶다. 무의식적으로 다가오는 이미지에 반응하는 감성의 발견이 필요한 때이다. 순수한 나의 감성이 꿈틀거릴 때, 그 순간 내 몸에서 일어나는 감각적 각성에 내 몸을 던져보길 바란다. 왜 그런 이미지에 끌리는지는 논리적으로 설명할 수 없다. 그냥 그 이미지가 나의 잠자는 감각적 본능을 흔들어 깨울 때 내 몸은 육감적으로 반응할 뿐이다. 육감적 반응에 몸을 던져 옷을 입어본 사람만이 내 몸이 원하는 고유하고 독특한 감성 스타일을 몸으로 알아낼 수 있을 뿐이다. 감성은 내 몸으로 직접 느껴봐야 알 수 있는 육감적 반응이자 하나의 세계에 갇히지 않고 끊임없이 거듭날 수 있는 유연함의 자세이다. 마음의 빗장을 열고 감각적 체험이 하나의 경험이 되는 순간을 즐길 때 나의 감성은 단단해질 수 있다. 단단해진 감성은 완성된 감성을 뜻하는 것은 아니다. 나를 상징적으로 보여주는 나만의 감성을 발견했을 때, 그 감성의 힘을 입고 새로운 파격을 감행할 수 있다. 완성된 감성도 완성된 옷 입기도 없는 이유다.

22가지 감성 스타일

나만의 감성 스타일을 알아야 육감적인 옷 입기가 힘을 입는다.

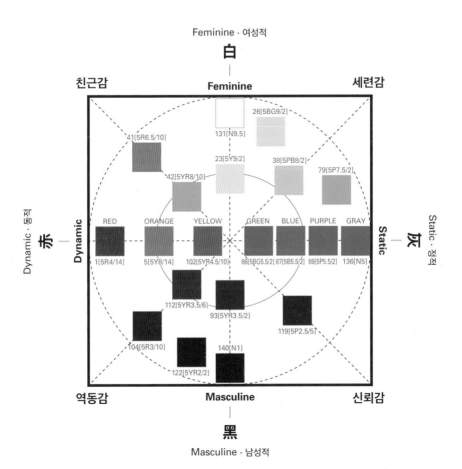

Feminine · 여성적

白

친근감   **Feminine**   세련감

26[5BG9/2]

131[N9.5]

41[5R6.5/10]

23[5Y9/2]

38[5PB8/2]

79[5P7.5/2]

42[5YR8/10]

Dynamic Dynamic · 동적 赤

RED   ORANGE   YELLOW   GREEN   BLUE   PURPLE   GRAY   **Static** Static · 정적 灰

1[5R4/14]   5[5Y8/14]   102[5YR4.5/10]   86[5BG5.5/2] 87[5B5.5/2] 89[5P5.5/2] 136[N5]

112[5YR3.5/6]

93[5YR3.5/2]

119[5P2.5/5]

104[5R3/10]

140[N1]

122[5YR2/2]

역동감   **Masculine**   신뢰감

黑

Masculine · 남성적

22 Taste-Scale color

〈22가지 감성 스타일을 진단하는 방법〉(22 Taste-Scale Method)은 일본, 미국, 독일, 중국, 한국 등의 일반인 8만 명을 대상으로 기호와 기질의 관계를 조사, 통계 처리하여 개인 스타일을 22가지로 유형화(타입)한 것이다. 이 진단법의 개발자인 일본감성마케팅연구소 사토 쿠니오, 히라사와 테츠료에 의해 일본(1996년)과 미국(2002년)에서 특허를 취득하였다. 그리고, 현재 가와나미 타카코川浪たか子에 의해 계승, 발전되었다. 가와나미 타카코 선생님은 컬러, 패턴, 소재, 실루엣 등 요소들의 어우러짐에서 빚어진 조화감을 찾아가며 그것이 어떻게 이루어지는지 알리고자 연구를 꾸준히 해오고 계신다.

〈22 Taste-Scale Method〉는 나에게 어울리는 색, 무늬, 소재, 형태 그리고 칼라, 포켓, 액세서리 등의 장식이 어느 좌표 위치에 해당되는지에 따라서 22가지 '미'의 기준을 발견할 수 있도록 도와준다. 즉 "패션과 라이프 스타일 연출에서 개인의 취향과 감성을 조합하는 방법"을 제안하는 진단법이다.

예를 들면 백색으로 상징화되는 여성적인 미와 회색으로 상징화되는 정적인 이미지가 만나는 1사분면은 세련된 아름다움을 나타낸다. 세련된 아름다움을 상징적으로 드러내는 1사분면의 대각선 방면에 위치한 3사분면은 흑색으로 대변되는 남성적인 미와 적색으로 표현되는 역동적인 미가 만나서 남성적인 역동감을 드러내는 미적 기준으로 작용한다. 한편 백색으로 상징화되는 여성미와 적색으로 표현되는 역동적인 아름다움이 만나면 2사분면에 위치하고 있는 친근한 미적 감각으로 다가온다. 2사분면과 대각선 방향에 위치하고 있는 4사분면의 미적 성향은 회색으로 표현되는 정적인 이미지와 흑색으로 표현되는 남성적인 이미지가 만나 깊은

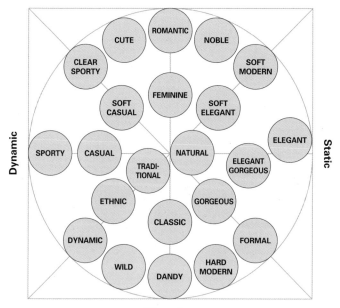

신뢰감을 주는 감성적 스타일로 자리매김이 된다. 4분면의 정중앙에 위치
하고 있는 자연감은 22가지 감성 스타일을 크게 다섯 가지 범주로 나누었
을 때 세련감과 친근감, 역동감과 신뢰감에 포함되지 않는 또 다른 고유한
감성 영역이다.

　　각 사분면에 해당하는 감성 스타일은 저마다의 고유한 컬러와 감
각적 취향을 지니고 있다. 예를 들면 여성적인 미와 정적인 미가 만나는
1사분면의 감성 스타일은 소프트 엘레강스soft elegant인 반면에 동일한 여
성적인 미를 강조하지만 가로축의 왼쪽 극단에 위치하고 있는 역동적인
dynamic 미와 만나면 소프트 캐주얼soft casual의 감성 스타일로 상징화된다.

역동적인 미와 남성적인 미가 만나는 3사분면은 역동적dynamic 감성 스타일로 상징화되는 반면에 정적인 미와 남성적인 미가 만나는 4사분면의 감성 스타일은 정중하게 격식을 차린formal 이미지로 부각된다.

　이처럼 내가 위치하고 있는 감성 스타일 진단 좌표에 따라 고유하게 드러나는 컬러감과 감성적 취향을 상징적으로 표현하는 형용사가 다르다. 형용사는 똑같은 사물이나 사람이라고 할지라도 어떤 모습으로 자기 정체성을 드러낼지를 결정하는 수사학적 특성이다. 예를 들면 1사분면에 있는 '소프트 모던soft modern'이라는 형용사는 세련된 도시적 감성과 현대적인 이미지를 지니고 있는 오드리 햅번 스타일이다. 반면에 남성미와 역동적인 이미지가 만나는 곳에 위치한 다이나믹은 역동적이면서 당당하고 용감하며 돌발적인 이미지를 지닌 승리와 지혜의 여신, 아테네를 상징적으로 드러내는 형용사다.

　클리어 스포티clear sporty라는 형용사는 명쾌하고 상쾌하며, 산뜻하고 시원하고 솔직함을 대변하면서 대나무를 쪼개듯 시원시원하면서 힘이 있는 속성을 나타내주는 잔다르크 스타일의 형용사다. 반면에 포멀formal이라는 형용사는 신뢰감과 동시에 권위감을 주면서 예의 바르고 어른스러울 뿐만 아니라 교양과 성실이라는 미덕으로 무장하고 위엄과 신뢰감을 주는 이미지로 마더 테라사 스타일을 상징적으로 표현해주는 감성 스타일이다.

　22가지 감성 스타일로 내가 좋아하는 것과 어울리는 것의 교집합점을 찾아낼 수 있다. 이에 더하여 패션을 넘어 생활 전반에 걸친 모든 쇼핑 아이템이 자신의 정체성과 부합하는지 여부를 알려주는 토탈 라이프 스타일 컨설팅이다.

나의 감성 스타일에 적합한 라이프 스타일이 무엇인지를 각성하고 인지함으로써 나만의 고유한 자기다움을 더욱 아름답게 빛나게 해주는 행복한 삶을 선물받게 된다. 감성에 맞는 옷 입기는 단순히 유행을 따라가는 패션 쫓아가기가 아니라 잠자고 있는 나의 감각적 각성을 일깨워주고 나만의 고유한 자기다움을 더욱 빛나게 만들어준다. 나에게 잘 어울리는 옷 입기는 궁극적으로 내 삶이 지금보다 한 단계 더 격상됨으로써 이전에 경험해보지 못한 감각적 자유를 만끽하게 도와주는 행복한 삶의 촉발점이 아닐 수 없다.

나는 어떤 사람인가?

아무리 온화함을 내세워도 차가운 대리석이나 목재에서 느껴지는 따뜻함은 느낄 수가 없다. 올곧은 나무에서 평안한 대청마루를 떠올리기도 한다. 그런 비유적 표현에서 우리는 재료에서 느껴지는 이미지를 사물이나 사람에게 그대로 투영시켜 떠올린다. 재료나 소재에서 느껴지는 이미지만 보아도 패션과 라이프 스타일은 같은 맥락에서 이미지를 구상하게 만든다.

22가지 감성 스타일은 패션뿐만 아니라 모든 라이프 스타일의 영역에 적용되어 나의 전체적인 미美를 찾을 수 있게 도와준다는 점에서 매력적이다. 그렇다고 22가지 감성 스타일이 진리는 아니다. 한 사람의 감성 스타일이란 어느 하나의 진단내지 이론으로 설명될 수 있는 범위를 넘어서기 때문이다. 따라서 감성 스타일이나 취향은 다양한 진단 결과를 기반

온화·융화·안정감   빨강머리 앤   Egg shell형

자연소재, 오가닉   평온한, 안정적인, 자연스러운   중밀도 순조로운 무늬
                                                                        능직 무늬

COLOR · SHAPE · PATTERN · FABRIC

NATURAL

내추럴 감성 카드

으로 육감적인 옷 입기의 여섯 가지 요소가 조화롭게 어울려 온몸으로 느끼는 감각적 각성이 일어날 때 알 수 있는 옷 입기의 결정판이라 할 수 있다.

나는 어떤 사람인가? 앤티크 스타일을 좋아하는지, 모던 스타일을 선호하는지 자기가 좋아하고 선호하는 것을 보면 어느 정도 자신의 감성과 취향을 알 수 있다. 내가 좋아하는 것을 좋아한다면 그것이 나의 감성이고, 좋아하지 않는 것도 나의 감성과 취향이다. 그리고 그 감성과 취향에 충실하여 공간을 꾸민다면 나는 그 공간에 어울리는 사람이다. 내 손길 내 눈길이 닿는 것이 나 자신이며 나의 표현이 나의 만족으로 확장된 나의 개념이다. 범위를 넓혀 보면 내 몸에서부터 나의 주변을 넘어 내가 다니는 이동 동선과 생활 반경이 확장 개념으로 함께한다. 한옥에 르네상스식 침대를 두는 것이 매우 좋다면 그것 또한 당신의 감성이다. 실제로 시도해보지 않고서는 내 감성이 무얼 좋아하는지는 알 수 없다. 요즘은 유니크함을 추구하기에 그런 스타일링도 믹스매치와 포인트로 해석되지만 그런 스타일링이 잘 어울리는 사람도 있다. 매치가 잘 되어 조화로운 사람도 있고 언발란스나 미스매치가 오히려 전혀 다른 조화로운 아름다움으로 재탄생될 수도 있다.

원단 시장을 가면 점포마다 취급하는 원단의 종류가 다르다. 한 곳에서 다양한 소재를 판매하는 곳도 있지만 대부분 면 소재를 판매하는 곳에선 면 소재만, 실크만, 레이스만 전문적으로 취급하는 곳으로 점포마다 성격이 명확한데 패턴도 마찬가지다. 내가 좋아하는 것이 무엇인지 잘 모르겠다면 백화점을 가서 아이쇼핑을 하는 것도 좋겠지만 원단 시장이나 소품 부자재 시장을 가서 구경해 보면 도움이 된다. 자꾸만 눈길이 가고 반복적으로 손이 가는 물건이 있을 것이다. 금액까지 궁금해진다면 관심도

가 꽤 높은 것이고 지갑을 열게 한다면 그것이 나의 취향이자 감성이라 할 수 있다.

　나의 스타일에 어울리는 감성은 내가 발품 팔아서 노력한 만큼 나의 작품으로 드러난다. 나에 대해 알고 싶거든 한 발짝 떨어져서 나의 방을 보고 나의 옷장을 보라고 하고 싶다. 그것이 나다. 나의 옷, 나의 물건에는 나의 손길과 소중한 감정 그리고 나만의 사연이 담기기 때문이다. 내가 좋아하는 것을 알고 싶거든 내가 좋아하는 것을 두고 이것이 왜 좋은지 어떻게 좋은지 질문을 던지고 사유해보길 바란다. 내가 뭘 좋아하는지 모르고 살아가는 것은 자기를 모르고 살아가는 것이기 때문에 그만큼의 삶의 기쁨을 놓치는 것이다.

　우리가 살아간다는 의미는 내 감성을 찾아 감각적으로 느껴보지 못한 낯선 느낌에 나를 드러낼 때 내가 깨닫는 기쁨이나 즐거움을 발견하는 과정에서 찾을 수 있다. 내가 누구인지는 내가 어떤 감성을 발견할 때 가장 행복하다고 느끼는지를 아는 순간이다. 그건 머리로 판단하는 논리적 앎이 아니라 몸으로 느끼는 감각적 각성의 산물이다. 살아간다는 의미는 나의 고유한 감성을 발견하는 과정이다.

감각의 구속과 자유

　늘 입던 옷만 입으면 그 옷이 몸에 전해주는 익숙함으로 감각적 타성에 젖어 들고 결국 감각적 보수주의에 물들어 다른 옷을 입으려고 시도하지 않는다. 사람의 감각은 낯선 감각과 마주치지 않고서는 늘 익숙한 감각의 감옥에 갇혀 살게 된다. 철학자 들뢰즈도『차이와 반복』(질 들뢰즈 지음, 김상환 옮김, 민음사, 2004)에서 진정한 '넘어섬의 경험'이나 '초월의 경험'을 하기 위해서는 현재 지각으로는 감각적으로 받아들이기 어렵거나 불가능한 자극과의 맞닥뜨림이 필요하다고 역설했다. 색다른 옷과의 마주침이 내 몸에 감각적으로 전달되기 전까지는 기존 감각만으로 늘 입던 옷을 입게 된다. 이것은 내 몸의 감각이 죽은 감각의 창고에 갇혀 사는 것과 마찬가지다. 낯선 환경과 마주치지 않으면 낯선 사유가 불가능하다. 마찬가지로 내 몸이 입는 옷과의 낯선 감각적 마주침이 없이는 옷을 입는 내 몸 역시 감각의 감옥에 갇혀 더 아름다운 옷을 맘껏 입어볼 수 없게 된다.

　　"무엇보다, 감각의 자유가 그렇다. 미리 말하자면, 그것은 낯선 것과 대면하고 그것을 감내해야 하는 '약간의 불편'을 동반하지만, 어떤 거창한 대가도 요구하지 않는다. 그러나 감각의 갑옷만큼 우리의 일상적 삶을 구속하고 자유로움을 제한하는 것도 찾기 힘들다. 감각의 구속은 종종 너무 자연스러워서 때로 우리는 구속당하고 있다는 사실조차 느끼기 어렵다. 그 구속은 우리에게 편안함을 준다."

　　『삶을 위한 철학』(이진경 지음, 문학동네, 2013)에 나오는 말이다. 틀에 박힌 감각에 구속당하면 나도 모르는 사이에 익숙한 삶에 안주하고 편안함의 늪에 빠지기 시작한다. 감각은 무한한 가능성의 텃밭이다. 감각의 제국이나 마찬가지인 우리 몸의 감각을 끊임없이 자극할 수 있는 강력한 매개체가 바로 내 몸이 요구하는 옷이다. 옷마다 제각기 다른 독특한 접촉감을 준다. 그 접촉감으로 인한 감각적 각성은 내 몸이 직접 감응해보지 않고서는 알 수 없는 신비의 세계이다. 옷과 다르게 접촉하는 순간 이전과 다른 감각성 각성이 시작된다. 감각적 자유를 위한 내 몸과 옷의 대화는 감각적

각성을 찾아 떠나는 여행 티켓이다.

영화 〈내 생애 가장 아름다운 일주일〉 촬영 막바지 양수리 세트장에서 있었던 일이다. 갑자기 임창정과 서영희 커플의 결혼사진을 엔딩 장면에 노출하겠다는 연출부의 요청으로 의상팀의 발등에 불이 떨어졌다. 촬영장에서 비일비재하게 일어나는 변수와 돌발 상황에 익숙한 터라 크게 당황하진 않았지만, 현실은 바로 공수가 힘든 양수리 골짜기 세트장이고 문제는 당장 촬영해야 한다는 것이다. 어느 정도 생활고를 겪는 소박한 커플이었기에 화려한 웨딩드레스가 필요한 건 아니었다. 등장인물의 옷장에 있을법한 옷까지 생각해서 내가 소장한 옷을 가지고 간 것이 큰 도움이 되었다. 여벌로 가지고 갔던 민소매 플레어 원피스를 드레스 대신 입었고, 그들의 방에 걸려 있던 얇은 레이스 커튼을 벗겨달라고 해서 면사포로 연출하고 소품으로 화관을 만들어 씌웠다. 순식간에 나름 그럴싸한 모습의 결혼사진을 남길 수 있었다. 주목받지 못했던 평범한 옷도 어느 순간 빛을 발한다. 그것은 바로 그동안 경험해본 감각의 자유가 알려준 소중한 제언 덕분이다. 몸과 옷이 이전과 다르게 만나는 기회를 줄수록 몸은 이전과 다른 감각적 각성을 얻는다. 정해진 취향과 감성에 집착하기보다 다양한 얼음틀을 채우는 물처럼 본질에만 부합한다면 형태는 별 상관이 없다. 이러한 감각의 자유는 스스로에게 놀랄 만한 경험을 선사한다.

"감각의 자유란 익숙하지 않은 것, 새롭고 이질적인 것들 안에 깃들어 있는 어떤 것을 감지하는 능력이다. 처음에는 불편하기에 피하고 싶은 어떤 것을 향해 귀를 여는 작은 용기면 누구나 올라가기 시작할 수 있는 평범한 계단이다."

마찬가지로 이진경의 『삶을 위한 철학』에 나오는 말이다. 낯선 감

소박하고 자잘한 기쁨들이 이어지는 날들

각적 자극을 받으면 당연히 불편함을 느낀다. 그 불편한 자극이 결국 사람의 감각 체계를 이전과 다르게 개발시키는 원동력이다. 그런 감각적 자극을 받는 데 대단한 무언가가 필요한 게 아니다. 그런 낯선 세계로 입문하려는 작은 발걸음만으로도 충분하다. 옷 입는 작은 습관만 바꿔도 이제까지 난공불락처럼 지켜온 옷 입는 관습이 혁명적으로 바뀌기 시작한다. 일상을 작은 발걸음으로 이전과 다르게 일탈을 시도하려는 작은 용기만 있으면 새로운 감각의 제국으로 입성할 수 있다. 매일 걷는 '보행'만 바꿨을 뿐인데 엄청난 '행보'가 시작되는 셈이다.

　　같은 책에서 이진경은 "자유가 어떤 문턱이나 고통, 혹은 저항을 '넘어섬'에 의해 정의된다면, 감각의 자유란 무엇보다도 불편함이나 감각적 저항, 혹은 약간의 고통을 야기하는 어떤 감각을 넘어서는 것이라고 해야 하지 않을까?"라고 말한다. 결국 감각의 자유는 기존 감각 체계라는 안전지대에서 벗어나 한 번도 경험해보지 못한 낯선 감각의 신세계로 기꺼이 나아가고 경계를 넘어서 보려는 결단이자 결행이다. 중요한 것은 무엇이든 경험하겠다는 자세로 세상과 마주하는 것이다.

　　그렇다면 이런 감각의 자유는 어떻게 얻을 수 있는가? 저자도 말했듯이 대단한 각오나 엄청난 장비나 도구가 필요한 게 아니라 지금과 다른 감각적 각성을 얻겠다는 작은 다짐과 용기, 그리고 누구나 오를 수 있는 감각의 계단만 있으면 충분하다. 다만 감각의 자유를 얻지 못하고 감각의 감옥에 갇혀 구속당하는 이유는 익숙한 감옥에 길들여진 감각적 타성을 깨부수지 않으면 안 된다는 절대적인 필요성이나 심각한 위기의식이 사라져버렸기 때문이다. 한 사람의 아름다운 스타일은 언제 어디서나 보편타당한 규칙이나 만고불변의 진리처럼 작용하는 처방전이 존재하지 않는다.

오늘과 내일이 다르고 여기와 저기가 다르다. 그때그때 상황이 요구하는 감각의 예술적 본능과 직관이 요구하는 대로 다양한 옷 입기를 시도해보지 않고서는 알 수 없는 감각적 신비의 세계가 존재한다.

진정한 감각적 자유는 새로운 시도를 함으로써 어쩔 수 없이 감당해야 하는 작은 불편함을 감내하기만 하면 된다. 정열적 시인, 랭보가 "문제는 감각의 착란을 통해서 미지의 것에 도달하는 것이다"라고 말한 것처럼 순간적으로 경험하는 감각의 착란 없이는 내 몸이 욕망하는 새로운 미지의 감각 신세계의 입문이 불가능하다. 우리의 감각은 생활 속의 작은 불편함과 마주칠수록 감각적 안락지대에서 벗어날 수 있는 것이다.

옷 입기에 대한 고민과 스트레스를 적잖이 받고 사는 사람들이 스타일 검진을 받으러 온다. 스타일 검진을 받으러 온 고객들은 가슴 설레는 미래를 꿈꾸고 이루고 싶은 꿈을 찾아 떠나는 삶을 갈망하는 사람들이며, 틀에 박힌 감각적 감옥에서 탈출하고 싶은 욕망이 있는 사람들이다. 옷 입기에서 감각적 목마름을 느끼지 못한 사람들이나 패션과 라이프 스타일에 관한 익숙한 관념의 노예들은 스타일 검진을 받고 나를 알려고도 하지도 않는다. 뿐만 아니라 누군가로부터 자신의 선호하는 감성 스타일이나 자기 특유의 이미지에 대해 왈가왈부하는 것 자체를 거부하는 사람들도 의외로 많다. 변화를 두려워하고 자신이 만들어놓은 질서 안에서만 생활하려는 의지가 강한 사람들은 스스로가 쳐놓은 질서의 울타리부터 뛰어넘어보는 것이 먼저이다.

내가 지닌 나의 감성과 취향이 무엇인지 알아가는 과정에서 흩어진 감성의 조각들이 모이기 시작하고 왜 좋은지 왜 싫은지에 대한 솔직한

대화 속에서 나의 감성 조각 퍼즐은 완성된다. 감각적 자유와 해방의 시작인 셈이다. 옷을 마주하면서 자극되는 감각적 각성과 깨어나는 감각적 자유는 나만이 느끼는 접촉감으로 이어지고 그 접촉감으로 일렁이는 내 안의 변화는 또 다른 감각적 각성을 자극하고 감각적 자유를 깨운다. 그런 과정의 반복으로 우리는 진정한 감각적 자유와 해방을 맛볼 수 있다.

색다른 옷과의 낯선 접촉만이 감각의 감옥에서 탈출, 감각의 신세계로 과감하게 떠나는 전제 조건이다. 아울러 옷 입기를 통해 내 몸이 경험하는 감각의 자유가 삶의 행복으로 이어지게 만드는 순간이다. 색다른 옷과의 낯선 접촉이 무한한 감각의 자유를 얻는 전제 조건이며 감각의 구속에서 해방된 사람들에게서 더 큰 매력을 느낀다.

가장 아름다운 울림
'어울림'

자신을 정제된 시선으로 투명하게 바라보면서 자기다움을 발견하고 까다로움의 재해석으로 긍정적인 힘도 얻었다. 스타일 검진의 도움을 받고 육감적인 옷 입기에 대한 기준이 생겼다면 다음은 '어울림'과 '조화로움'의 문을 열어야 할 차례이다. 어울림과 조화로움이 같은 것이 아니냐고 반문하는 사람도 있다, 옷 입기에서 말하고 싶은 어울림은 주체와 어떤 무엇이 멀지 않은 거리 즉, 한눈에 들어온 상태에서 잘 조화를 이루는 것이라면 조화로움은 그런 어울림에서 출발하여 어울리는 것들과의 조화, 그리고 어울리지 않음도 조화로움으로 풀어낼 수 있는 더 큰 그림이고 확장된 영역이다.

　　어울림이 미시적 차원에서 가까이 있는 것들과의 울림을 주는 관계라면 조화로움은 어울림을 포함한다. 그리고 보다 거시적 차원에서 사람의 취향이나 스타일, 매너나 품격은 물론 주변 분위기나 환경과의 어울림을 말한다. 이런 점에서 미스매치와 불협화음도 조화로움의 또 다른 해석이 될 수 있다. 그리고 어울림은 사람에게만 해당하는 말이 아니다. 음식에도 궁합이 있고 사물들끼리도 어울림이 존재한다. 조화로움은 어울림에서 더 나아간 '더 잘 어울리는 것들'과의 전체적인 관계 속 어울림으로 이야기하면 어떨까.

어울림의 백만 가지 얼굴

　어울림의 사전적 정의는 '두 가지 이상의 것이 서로 잘 조화됨'이다. 문학 작품에서 장르, 등장인물의 성격과 행위, 문체 따위가 서로 적절하게 어울려야 한다는 미학적인 원칙이나 규범이다. 영어의 'look good'은 말 그대로 '보기 좋다'는 뜻으로 옷이나 액세서리 등이 잘 어울릴 때 사용한다. 어울림음의 정의를 보면 높이가 다른 두 개 또는 그 이상의 음이 동시에 울렸을 때 잘 어울리는 음이라고 되어 있다. 어울린다는 말은 나와 똑같다는 말이 아니다. '어울리다'라는 말의 뜻을 좀 더 살펴보면 '조화를 이룬다'와 '같이 지낸다'의 의미로 나뉜다. 나에게 어울리는 옷이 있고 나에게 어울리는 헤어스타일이 있고 나에게 어울리는 나같음이 있다. 화장이 어울리는 사람이 있고, 민얼굴이 자연스러운 사람이 있듯이 화려함이 잘 어울리는 사람이 있는가 하면 수수하고 심플함을 더 잘 소화하는 사람이 있다. 그래서 어울린다는 말은 나다움을 드러내는 아름다움과 안성맞춤이라는 의미다.

　나를 나답게 꾸미고 가꿀 때 나의 아름다움이 빛을 발한다. 나에게 어울리지 않으면 그저 입고 걸친 장식과 소유물에 불과하다. 유행을 숨 가쁘게 따라가며 나를 놓치지 않기 위해 어울림을 먼저 발견하는 일은 전쟁터에 나가기 전 총알을 장전하는 것과 같다.

　'어울리다'의 다른 의미인 '같이 지낸다'를 보면 어울리는 사람과 어울리는 일, 같이 잘 지내는 것만큼이나 즐거운 일도 없다. 유유상종이라고는 하지만 나와 같아야 잘 지내는 것만도 아니다. 동물에 대한 특별한 애착이 있거나, 관심사가 같은 특정의 공통분모 하나만으로도 어우러질 수 있다. 또, 서로 다른 사람일수록, 서로 다른 문화일수록 잘 어울리기도 한다. 내가 다른 말 속에 담긴 문화를 이해하기 시작하면 내 그릇도 커지고 더 많은 문화를 담을 수 있다. 그런 관심과 흥미로움으로 더 많은 사람과 어울릴 수 있다. 어울리려면 서로에 관한 관심이 있어야 한다. 나와는 다르지만 나를 밀어내지 않고 나를 이해하는 사람이 나와 어울리는 사람이다. '어울리다'라는 말을 친구 사이에 가장 많이 쓰는 이유이기도 하다.

매년 시즌별로 백화점과 쇼핑몰, 여러 매장과 쇼윈도를 빼곡히 채우고도 넘쳐나는 수많은 옷과 장식품들. 상품은 너무나도 많은데 쇼핑은 내 맘처럼 쉽지가 않다. 어울림에 대한 미학적 접근보다 다른 것이 먼저였기 때문이다. 게다가 내가 사고 싶은 아이템을 정해두고 쇼핑을 하면 내 구미에 딱 맞아떨어지는 옷을 단박에 찾아 입기는 더더욱 쉬운 일이 아니다. 그리고 꼭 그 아이템만을 위한 쇼핑을 했을 때도 쇼핑의 성공 확률은 떨어진다. 정해진 그 아이템만 찾는데 몰두하다 보면 시야는 좁아질 수밖에 없고 다른 좋은 스타일의 아이템도 눈에 들어오지 않기 때문이다. 그러다 보면 이상한 콩깍지가 쓰여서 사들고 온 물건은 다시 매장으로 돌아가야 하는 불상사가 생기기도 한다. 옷걸이에 잘 걸려 있거나 마네킹이 잘 차려입은 옷은 선택을 받기 위해 주인을 기다리며 쇼윈도를 장식하는 전시품이고 고객들의 걸음을 멈추게 할 미끼에 불과하다. 그런데 우리는 "마네킹이 입고 있는 그대로 주세요!" 하고 구입하는 사람들이 의외로 많다는 것에 놀랐다. 심지어 입어보지도 않고 말이다.

김춘수 시인의 〈꽃〉이라는 시에 나오는 문구, '내가 그의 이름을 불러주었을 때 그는 나에게로 와서 꽃'이 된 것처럼 사람이 옷을 입고 움직일

때 비로소 나의 옷, 나에게 어울리는 옷이 된다. 옷을 직접 입어보지 않으면 어울림의 꽃은 피지 않는다.

> 내가 그의 이름을 불러주기 전에는
> 그는 다만 하나의 몸짓에 지나지 않았다.
> 내가 그의 이름을 불러주었을 때
> 그는 나에게로 와서 꽃이 되었다.

이처럼 금세 시들어버릴 꽃도 누군가 그 이름을 불러줄 때 비로소 나에게 의미심장한 꽃이 된다. 아무리 소중한 것이 존재한다고 할지라도 내가 의미를 부여하고 관심을 두지 않으면 그저 하나의 사물에 불과하다. 옷도 마찬가지다. 사람의 몸을 입고서 몸과의 대화 속에서 어울림과 안 어울림을 느끼고 찾아갈 때 생명력을 가지는 옷이 된다. 세상에 아무리 좋은 옷이 많아도 내가 의미를 부여하고 내 몸으로 직접 입어보면서 옷과 마주침을 경험하지 않으면 옷은 그저 두루마리 천과 다를 게 없다. 옷은 정말 누가 어떤 아이템과 함께 어떤 분위기를 연출하고자 하는지에 따라 천차만별로 다르다. 유명인들의 사진을 비교한 '같은 옷 다른 느낌'의 기사를 보면 한눈에 알 수 있다. 그리고 같은 옷이지만 입는 사람마다 다른 느낌이 나는 것은 사람이 달라서이기도 하지만 옷을 입은 사람의 행동, 제스처, 태도가 다르기 때문이기도 하다. 걸음걸이 하나에서도 허리 라인이 드러나고, 허리선과 위치, 골반의 움직임과 양쪽 좌우 엉덩이 움직임에서 옷맵시가 달라진다. 전체적으로 균형 잡힌 스타일링을 위해서 중심 밸런스를 중요하게 다루는데 정면에서 중심 밸런스의 위치만 체크할 때와 움직일 때는 차이가 생긴다. 옷을 입고 움직일 때 피어나는 어울림은 패션 스타일링에 더 중요한 실루엣을 결정짓는 요소로 작용한다. 옷은 직접 입어보지 않고서는 내 몸에 얼마나 잘 맞는지 나에게 얼마나 잘 어울리는지 알 수 없다. 옷은 직접 입어보고 움직이면서 내 몸의 근육과 신체 부위별 미묘한 어울림에 따라 전혀 다른 느낌을 주기 때문이다. 나와 타인의 어울림에 대한 미학적인 원칙을 함께 통과한 어울림은 불편한 아름다움이고 인정받은 아름다움이라 할 수 있다.

이유 있는 끌림

누구나 옷을 잘 입기를 원한다. 시대를 불문하고 패션은 남녀노소 모두에게 관심사다. 그렇다고 모든 사람이 옷을 잘 입는 것은 아니다. 다른 사람들의 시선을 신경 쓰느라 정작 자신의 마음은 돌보지 못하고 자신의 몸도 제대로 보살피지 못한 채 시선은 늘 내가 아닌 밖으로 향하고 있다. 옷을 입을 때나 무엇을 선택할 때 남의 눈치를 보면서 '이걸 하면 사람들이 욕하겠지', '이런 건 우스꽝스러울 걸'이라며 단정짓는다. 그리고, 내 안에 숨어 있는 강한 욕구를 충족시키고 불안감을 해소하기 위해 우리는 무의식중에 멋있어 보이는 사람들의 스타일을 모방한다. 남이 한 것을 무조건 따라 하려는 군중심리와 모방심리로 안정감과 심리적인 위로를 얻기도 한다. 따라 입어보기도 옷을 잘 입을 수 있는 좋은 방법의 하나다. 따라서 입어보긴 했는데 그것이 나에게 얼마나 잘 어울리는지 아닌지를 모르는 것이 가장 큰 함정이자 문제이다.

자기다운 브랜드는 범접할 수 없는 아우라
머물지 말자 그 아픈 상처에

어떤 이유로든 타인을 의식하고 비교하며 살아가는 사람들이 많다. 또 너무 남을 의식한 나머지 타인의 시선을 완강히 거부하는 사람들도 있다. 누가 뭐라고 하는 순간 무조건 마이웨이를 지향하며 타인의 의견과 충고에는 반사판을 든다. 소그룹 직원교육에서 만난 고객이라 더 깊은 이야기를 나눠보진 못한 채 짧은 스타일링 솔루션을 건넸다. 돌아오는 답변은 고객 대부분이 보이는 예스의 긍정적인 검토와 수긍이 아니라 안 어울리는지 아는데 그렇게 입고 싶어서라고 했다. "전 그렇게 보이는 게 좋아서, 좀 이상한 줄 아는데 그렇게 입어요."라는 그 단호함을 반박하며 꺾고 싶은 욕구가 치밀어 올랐지만, 나그네의 외투를 벗기는 것은 세찬 바람이 아니라 따뜻한 햇볕이다. '삐뚤어질 테야' 하는 사람에겐 수긍과 인정의 햇볕정책이 우선이다. 그것 역시 당신의 취향과 감성일 수 있고, 왜 그것이 좋은지는 좀 더 생각해 보길 바란다고 조언을 해주었다.

그 사람에게 당신에게 어울리는 것과 그렇지 않은 것을 비교해가며 옷을 입어보라는 말을 했지만 두 시간 가까이 내가 헛수고를 했다는 느낌이 드는 이유는 무엇일까? 충고를 해줬는데 나를 발전시키는 조언으로 받아주지 않고 자신의 괴롭히는 고충으로 해석하는 사람이 있다. 내가 강의를 하는 내내 저 친구는 무슨 생각을 했을까 하는 생각이 머리를 떠나지 않았다. 한참인 나이에 이유 있는 끌림에 대한 감정과 감각을 차단한 상태로 살아가는 것이 안타까웠다. 그리고 프라이드가 있는 것과 고집만 강하게 내세우는 것은 다르다. 때론 인정하고 받아들여야 성장하고 더욱 단단해지는 법이다. 내 생각도 틀릴 수 있다고 가정할 때, 사람은 보다 겸손해지고 다른 사람의 생각에 귀를 기울인다. 사실 내 생각도 온전히 내가 적극적으로 받아들여 내가 주도적으로 만든 생각이 아닐 수도 있다. 나도 모르는 사이에 다른 사람의 생각이 들어와서 내 생각을 흉내낼 수도 있다. 이런 점에 비추어 볼 때 내 생각의 주인이 온전히 내가 아니며, 내 생각도 얼마든지 오류가 있음을 인정할 때 사람은 훨씬 더 유연해지고 배우려는 자세가 생긴다. 어울린다는 것은 하나가 되기 위해서 자신을 내려놓는 것이다. 내가 가진 것, 나의 생각, 나의 지식, 나의 것들은 먼저 내려놓고 상대방의 관점에서 먼저 생각할 때 그리고 열린 마음으로 누군가와 공감하고자 할 때 서로 이우러질 수 있다.

자기도 모르는 사이에 불현듯 다가오는 이유 있는 끌림은 말로 정확히 표현하기 힘든 느낌이지만 절대 무시해서 안 되는 감정이고 어울림의 시발점이다. 이유 있는 끌림을 놓치지 않고 감각적으로 수용하고 배우는 자세에서 우리는 어울림과 안 어울림의 모호한 경계선을 발견하고 그 과정에서 색다른 감각도 경험할 수 있다.

어울림의 미학

이직을 준비하며 휴식 중인 고객이 컨설팅을 받으러 왔다. 회사를 가면 늘 실험복 가운을 입기 때문에 출근을 할 때는 무조건 편한 옷만 입었고, 실험하며 옷을 버릴 수 있어서 좋은 옷도 필요가 없었다고 했다. 옷에 관한 생각을 한 번도 제대로 해본 적이 없었다는 그녀의 문제는 결혼식 복장이었다. 결혼식을 가야 할 때 옷이 주는 스트레스를 가장 많이 받는다고 했다. 결혼식 또는 어떤 격식을 차려야 하는 장소에서 그녀가 입어야 할 베스트 룩을 찾아주는 것이 그날의 숙명 같은 과제였다.

조화로움은 색다른 하모니가 만든 아름다움이다
너와 내가 사는 세상

아름다운 순간을 감상할 수 있는 용기,
생각이 개입될 수 없는 순간

'결혼식'만으로도 할 이야기가 많다. 결혼 또한 어울리는 사람이 만나서 어우러지는 어울림의 시작이다. 나라마다 결혼 문화를 보면 결혼 풍습과 전통의상은 다르지만 하객룩 에티켓은 비슷하다. 한국과 미국을 비교해 보면 우리나라에서 신부에 대한 예의로 여성 하객들은 하얀색 계열의 옷을 피하고 신부 친구들은 검정색 옷도 피하는 것처럼 미국 결혼식에도 드레스 코드 에티켓이 있다. 우리나라와 마찬가지로 하얀색 계열, 시선을 사로잡는 화려하고 강렬한 컬러나 디자인, 너무 캐주얼한 옷차림은 피하는 것이다. 그리고 브라이드 메이드brides mades와 같은 컬러를 피해야 한다. 이런 경우는 초대장에 미리 드레스 코드가 기재되어 있어야 한다. 그렇지 않은 경우는 하객이 그들의 컬러를 알 수 없으므로 예의에 어긋나는 일은 아니라고 한다. 이런 하객룩의 에티켓과 기본에서 출발하여 신랑 신부와의 관계, 내가 가는 장소와 날씨를 고려하여 나에게 어울리는 옷과 아이템을 찾는 것이 우선이다. 누가 누구 결혼식에서 이렇게 입고 샤넬 클래식 가방을 들었다고 해서 너도나도 클래식 가방이 하객룩의 최선이 아니다. 다른 사람의 눈치를 보고 다른 사람의 옷차림과 비교할수록 내가 입고 있는 옷은 영원한 들러리일 뿐이다. 내가 진정 갈망하거나 소망하는 이상적인 이미지가 무엇인지를 그려보고 그런 옷을 직접 내 몸으로 입고 느꼈을 때 나에게 어울리는 옷을 알 수 있다. 아름다움이 어울림에서 비롯되는 미덕이라면, 어울림은 남과의 비교에서 찾을 수 없고 내가 지닌 자기다운 이미지와 얼마나 조화로운지 아닌지로 알게 되는 것이다.

 예전에는 결혼식을 갈 때는 무조건 격식을 차려서 입어야 했다. 단아한 원피스 차림이 정석이었던 하객룩. 그런데 민폐 하객이라는 신조어에 걸맞은 하객 패션을 하고 멋스럽게 등장한 배우가 있었다. 벌써 12년

전, 유명한 배우 커플의 결혼식장에서다. 오른쪽 허벅지 부분에 슬릿이 있는 와이드 팬츠에 블라우스를 입고 테슬이 길게 달린 클러치를 들고서 포토존에 선 그녀는 시선을 한 몸에 받고도 남을 하객 패션이었다.이건 민폐 아니냐는 질타부터 결혼식장에서 눈총을 받을 법한 결혼식 하객 패션, 민폐 하객룩 베스트에 등극했지만, 그녀에게 너무 잘 어울리는 의상이라는 게 문제였다. 너무 잘 어울림으로 용서를 받을 수 있었고, 너나 할 것 없이 많은 여성들이 와이드 팬츠를 사러 가게 했다. 신부보다 더 예쁘다는 이유만으로도 민폐 하객인데 그 당시 그녀의 의상은 결혼식 하객룩에 도전장을 내밀기라도 한 듯해 보였다. 그때부터 '개념 하객룩'은 과도기를 거치면서 격식의 허물을 벗어 던지기 시작했다. 모노톤의 컬러와 되도록 심플한 디자인에서 자신만의 개성을 살린 감각적인 컬러와 자신을 드러내는 복장으로 새로운 하객룩의 역사가 쓰여지고 있다. 하객룩에 나를 맞추었다면 이제는 무엇보다도 나에게 잘 어울리는 하객룩을 입어야 할 때이다.

우리나라 결혼식에서 보기 힘든 모습 중 하나는 같은 색 드레스와 슈트를 맞춰 입고 신부 신랑 옆을 지키는 브라이드 메이드와 그룸스 맨 Grooms men 이다. 어릴 적 영화에서 본 그들은 너무나도 멋지고 아름다웠다. 아름다운 자연을 배경으로 너무 잘 어울리는 그들의 모습은 한 폭의 그림 같았다. 그들의 드레스와 헤어, 메이크업 등 모든 비용을 신랑 신부가 내는 것이 사치라고 생각할 수도 있다. 하지만 가장 가깝고 친한 친구들이 신랑 신부의 아름다운 모습을 더욱 돋보이게 하고, 친구의 행복을 위해 정성을 다하며 진심으로 축하해주는 모습에서 느끼는 아름다움의 가치는 돈을 주고도 살 수 없다. 누군가의 축제를 더욱 의미 있는 추억으로 만들어주고 다른 사람의 행복한 모습을 더욱 행복하게 만들어주려는 노력 자체가 얼마나 아름다운 축제이고 행복한 모습인가. 한 가지 아름다움은 저절로 탄생된 게 없다. 저마다의 사연과 배경을 품고 나름의 고유한 전통과 문화를 지니고 태어난다. 아름다움은 그럴만한 이유가 있고 사연과 배경이 모여 전통과 문화가 존재하는 곳에서 시나브로 탄생된다. 이유 있는 어울림의 탄생이다.

오랜 역사를 지닌 결혼식 문화 중 하나인 들러리 예식은 우리나라에서는 다소 생소한 문화이지만 최근 들어 드레스를 맞춰 입고 화보 사진을 촬영하는 사람들이 늘고 있다. 아직 일반인들의 결혼식장에서는 쉽게 찾아보기 힘든 이유는 신랑 신부 당사자들보다 집안 어른들의 입김이 더 크게 작용하고 있기 때문이다. 아르헨티나 탱고 댄서이자 친구였던 다니엘과 크리스티나 결혼식에 초대를 받아서 지구의 반대편, 부에노스아이레스의 여름으로 날아간 적이 있다. 역사가 깊어 보이는 웅장하고 멋진 성당에서 식을 올리고 하객 모두 피로연 장소로 이동했다. 모두가 금세 친구가 되어 맘껏 즐기는 결혼식이 온종일 이어졌다. 춤추고 놀다가 지쳐본 그런 결혼식은 난생처음이었다. 그리고 '웃으면 딸 낳는다. 웃으면 안 된다'는 근엄주의 우리나라 결혼식과는 달리 신랑 신부 누구를 막론하고 먹고 마시고 노래하고 춤추며 종일 결혼식을 즐기는 모습에 놀라움을 감출 수가 없었다. 결혼식은 축제 그 자체였다. 결혼식에 참석한 하객들도 저마다 멋스럽고 개성 있는 옷차림으로 그야말로 결혼식을 제대로 즐기며 진정 축하해주는 모습이었다.

어울림이란 한 사람이 울림이라는 신호를 보내면 이에 동조하여 다른 한 사람이 떨림으로 화답할 때 비로소 탄생한다. 어울림은 울림과 떨림이 만나 공조나 공명현상이 일어날 때를 지칭한다. 그날의 어울림과 어

우러짐에는 깊은 울림이 있었다. 결혼식이 끝난 후, 모두가 가슴이 뭉클해지고 눈시울이 뜨거워졌다. 서로가 하나된 감정, 어우러진 어울림의 시간을 보내서일 것이다. 진정한 이유 있는 어울림은 따뜻함이고 행복이다.

'결혼식 갈 건데 이런 가방 들어도 되나요?'

30대 맘 카페에 올라온 글인데 이런 글도 맘 카페에서 물어보는 것이 의아했다며 우리 회사 MJ 크리에이터가 화두를 던졌다. '너 예쁘다, 너 괜찮다'는 타인의 시선으로 확인받고 싶고 인정받고 싶은 것인지, 무조건 안전하고 싶은 욕구인지 위로받고 싶은 욕구인지에 관해 이야기를 나눈 적이 있다. 그리고 무언가를 선택하고 취할 때 남을 먼저 생각하는 이유가 소위 정답 문화 세대들의 특징이 아닌가 하는 생각도 해본다. 정답을 중요시하는 문화가 우리들의 옷 입기에도 투영된 것이다. 거기에 군중심리가 더해져 내가 입고 싶은 옷, 내가 가지고 싶은 무엇보다 유명한 누가 입었던 옷, 누가 들었던 가방, 트렌디한 유행 아이템, 핫 아이템만을 선호하게 된다. 옷을 입는데 내가 나의 정체성을 드러내기 위해서 입는 것이 아니라 다른 사람이 입은 옷이 단지 멋져 보인다는 이유로 그걸 입으려는 욕망을 꿈꾼다.

답은 정해져 있고 너는 대답만 하면 된다는 뜻의 신조어 '답정너'가 있다. 원하는 답이 나올 때까지 똑같은 말을 묻는 식이고 자신이 듣고 싶은 정답은 정해져 있다. 가장 바람직한 정답은 언제나 하나뿐이다. 정답만을 추구하려는 한국 사회에서는 그 어떤 지식을 정답으로 여기고 그것을 빨리 습득하면 된다는 생각이 지배적이다. 세상에 정답은 없다. 무엇이 정답인지는 누가 어떤 관점과 욕망으로 해석해낸 답인지에 따라 달라질 수 있지만, 하나밖에 없는 정답은 우리가 살아가는 사회에서는 찾아보기 힘들다. 내가 생각하는 정답은 한 개인의 주관적인 답일 뿐이다. 얼마든지 다른 해석이 가능한 해답은 존재한다.

모든 답에는 자신이 정답이라고 생각하는 욕망이 반영되어 있다. 그 정답을 우기는 이유도 그걸 정답으로 삼고 싶은 한 사람의 욕망이 숨어 있기 때문이다. 정답으로 생각하고 우기기 전에 내가 그 정답을 통해 무엇을 욕망하고 싶은지를 스스로에게 냉철하게 먼저 물어보길 바란다. 물어보는 연습을 하면 할수록 내가 생각하는 정답도 오답일 수 있음을 깨닫는다. 그렇다고 너무 남의 눈치를 보면서 그에 맞춘 답을 말하라는 의미는 아니다. 개인의 결정이 스스로의 행복을 위해 가장 중요하다고 여기는 서양 사회에서는 능동적이고 적극적으로 자아를 존중해준다는 점에서 동양과는 문화적 차이가 있다. 적극적으로 자기주장을 담은 정답을 말하되 그 정답도 나의 욕망이 주관적으로 담긴 틀린 답일 수 있음을 인정하는 게 중요하다.

지난해 패션 관련 커뮤니티에서 검색어 1위가 소개팅룩이라고 한다. 물론 어느 정도의 조언을 위한 정보 공유는 필요하지만, 누군가에 의한 소개팅룩과 하객룩이 하나의 패션 규칙으로 자리 잡아서 그것을 선호하는 사람들이 많다는 점은 흥미롭다. 나에게 어울리는지 안 어울리는지가 우선이 아니다. 오히려 소개팅룩으로 그렇게 입는 것이 최상의 대안이라고 하니까 그 스타일링에 나를 끼워 넣는 격이 된다. 내가 중심이 되어 옷을 나에게 맞추는 스타일링이 아니라 옷이 중심이 되고 내가 거기에 끼워 맞추는 격이다. 다른 사람의 욕망을 무조건 따라가며 흉내를 내다가 나의 욕망에는 치유할 수 없는 흉터가 생길 수도 있다. TPO에 따른 패션 스타일링은 수학의 공식처럼 존재하지만, 결혼식장에 꼭 들고 가야 하는 가방이 정해져 있는 것은 아니다. 가방을 선택하기 이전에 나에게 어울리는 의상이 먼저여야 하겠고 가방을 묻기 이전에 내가 그 가방을 선택한 이유를 먼저 찾는다면 굳이 맘 카페에 글을 올려 질문하는 수고스러움을 덜 수 있지 않을까?

옷을 대하는 자세

옷을 입는 우리의 몸과 자세, 제스처에 따라 옷맵시는 물론 옷의 이미지도 달라 보인다. 얼짱 몸짱이 유행하면서 얼굴과 몸에 투자하는 사람들도 늘어났고, 필라테스, 요가, 휘트니스 PT, 골프 등 다양한 운동이 생활 일부가 되었다. 운동의 이유야 여러가지겠지만, 보편적으로는 건강한 몸과 심신의 아름다움을 추구하고 더 나은 삶을 위함일 것이다. 인터넷 쇼핑몰부터 홈쇼핑, SNS 라이브쇼핑, 유명인들 공구에 이르기까지, 가만히 앉아서 클릭 몇 번으로 옷뿐만 아니라 라이프 스타일에 필요한 대부분을 해결할 수 있으며 문화콘텐츠의 구독 서비스의 시대도 열렸다. 이제는 명품 옷과 아이템들도 온라인으로 손쉽게 구매가 가능해졌으며 해외 직구의 경우는 로컬 매장에서 구매하는 금액보다 저렴하다는 이유로 많이들 선호하고 있다. 신용카드 포인트로 관세도 계산할 수 있게 되었으며 상품이 전 세계 어느 곳에 있든 라인을 타고 나에게 도착하는 시간도 아주 빨라졌다. 명품 브랜드에서 다음 시즌 신상을 택배로 보내준다는 어떤 유명인의 인터뷰도 보았다. 이제는 굳이 쇼핑하는 데 시간을 들일 필요가 없다고 생각하는 사람들도 많아졌다.

가만히 앉아서 눈과 손으로만 하는 온라인 쇼핑은 자신에게 잘 어울리는 스타일링 요소들을 정확히 알고 있을 때는 여러모로 아주 편리하고 손쉬우며 경제적인 쇼핑이 된다. 하지만 가상 체험으로 구매한 상품은 직접 만져보고 입어보고 내가 경험한 상품에 비해서 만족도는 떨어질 수밖에 없다. 난 직접 입어보지 않고 비대면으로 구매하는 옷들과 아이템에 대해서는 기대치를 내려놓는 편이다. 그렇게 쇼핑도 발품을 팔아서 직접 입어보고 신어보고 만져보고 오감각으로 느끼며 옷걸이의 옷이 나만의 옷이 되었을 때 나에게 잘 어울림은 물론이고 온전한 나의 것, 나의 애착템, 내가 사랑할 수 있는 무엇이 된다. 나에게 잘 어울리고, 입어서도 편안한 나와 한 몸인 듯한 그런 옷을 만나면서 마법 같은 변화가 시작된다. 나의 몸과 생각 그리고 나의 노력의 범주 안에서 새로운 나를 발견할 수 있다는 희망의 표시이자 행복의 시작이다. 상상 속에서만 존재하는 모습은 무감각의 허상이다. 말로 설명할 수 없는 착용감에서 옷과 몸의 절묘한 어울림의 묘미와 독특한 스타일이 창조된다.

"저는 같은 티셔츠와 같은 바지를 두 개씩 사요. 그래서 그것만 계속 입다가 버려요."라고 말하는 고객 앞에서 잠시 말문이 막혔던 적이 있다. 어떻게 그럴 수가 있지? 나는 사고 돌아서서 또 사는 게 옷이고, 같은 아이템도 예쁘면 다른 컬러를 하나 더 사야 한다. 옷에 파묻혀 살아야 하는 나에게는 있을 수도 없는 일이고 있어서도 안 되는 충격적인 말이었다. 옷뿐만 아니라 몸에 걸쳐야 하는 무수한 아이템들도 자기다움을 드러내기 위해 어울리는 아이템을 고민해야 한다. 나에게 어울림에 관한 생각과 고민 없이 사는 삶은 무언가 중요한 것을 상실한 기분이다. 똑같은 옷만 입고 정해진 스타일링과 트렌디한 베스트 아이템만을 진리로 여기는 사람들을

사라지기때문에 아름답고
영원할 수 없어 고귀하다

보면 한번 사는 인생에서 자신의 아름다움에 대해 어떤 생각을 하고 있는지 무척 궁금해진다. 당신에게 무엇이 아름다운 것인가? 당신에게 아름다움이란 무엇인가? 누군가 경험한 다른 사람의 미학을 나도 흉내 내서 경험할 수 있지만, 그것은 온전히 나에게 어울리는 미적 감각으로 작용하지 않는다. 진정한 경험은 내 몸이 움직여 체화된 구체적인 감각적 기억이다. 그것이 바로 어울림을 찾아주는 경험적 미학empirical aesthetics이다.

짧은 파마머리는 '할줌마'의 아이콘이자 아이덴티티가 되어버린 것이 각자의 주관인가? 자신의 미적 관점인가? 나이가 들면 모발에 힘도 없어지고, 머리숱도 적어지고, 머리카락이 걸리적거리는 것도 싫고, 손질도 간편하고 또 펌이 오래간다는 등등의 이유가 있겠다. 하지만 그런 이유가 아이덴티티로 굳어지는 것은 먹기 간편하다는 이유로 매일매일 김밥만 먹는 것과 다를 바가 없다. 간편하다는 이유가 아닌 내가 너무너무 좋아해서 먹는다면 아무런 문제가 없다. 무언가를 자신 있게 고집할 때는 나에게 너무 잘 어울려서라는 이유여야 할 것이다. 뚜렷한 근거 없이 통용되는 통념이 사람들 사이에 고정관념으로 굳어지기 쉽다. 누군가 그렇다고 생각하는 사회적 이유를 무조건 따라서 흉내 내기 전에 나에게 어울리는 것인지를 먼저 생각해봐야 한다. 통념을 버려야 세상을 다르게 바라보는 새로운 시야가 열린다. 사람과 사람의 어울림에서 가장 중요한 것이 예의범절이듯 옷과 사람의 어울림에서 가장 중요한 것 또한 옷을 대하는 자세이다. 사회적 통념이나 관습으로 옷을 대하는 것이 아닌 옷을 생각하고 입고 체험하면서 찾는 어울림의 미학이 우선시되어야 한다.

조화,
옷 입기의 최고 미덕

까다로운 기준과 어울림 여부를 확인하면 아름다움을 향한 마지막 관문, 조화로움이라는 또 다른 미덕을 만날 수 있다. 어울림의 경계를 넘어 조화로움이라는 아름다움의 세계는 또 다른 무대를 열어가는 세계가 아닐 수 없다. 진정한 아름다움은 어울림이 쌓아 올린 조화로움의 공든 탑이다. 진정한 아름다움의 세계는 어울림에서 퍼져 나온 울림이 또 다른 컬러나 스타일, 애티튜드와 시공간의 분위기와도 어우러지며 울림을 끌어낼 때, 즉 울림과 울림이 만나 모든 존재 자체가 떨림이라는 반응으로 하모니를 이룰 때, 한 편의 위대한 교향곡이 탄생한다. 이처럼 조화로움은 내가 입고 있는 옷은 물론이고 옷을 입어서 자연스럽게 드러나는 스타일과 이미지, 풍기는 묘한 무드, 감각적 취향과 완벽한 하모니를 이룰 때 비로소 완성되는 아름다움의 극치다.

서로 잘 어울림

우리는 등산을 할 때나 좋아하는 음악을 들을 때, 수영이나 요가를 할 때, 시골길을 산책할 때 가끔 실체를 알 수 없는 어떤 경이로움을 느낀다. 마음속에 고요와 평화가 가득 차는 이 상태를 '존재의 조화로움'이라고 부른다. 세계에서 영향력 있는 영성 전문가로 꼽히는 스티브 테일러의 의미심장한 말이다. 공간 연출과 토탈 패션 스타일링에서 조화롭다고 느끼는 고요와 평화의 하모니도 같은 연장선상이 아닐까.

"잘 어울린다는 것은 양념이 조화를 이뤄야 맛있는 탕을 끓여낼 수 있는 것과 같습니다. 싱겁지도 않고 짜지도 않게 재료들이 적절하게 어우러져야 제맛이 나는 것입니다. 그런 뒤에 군자는 이를 먹고 기분이 좋아 화평한 마음을 가십니다."

『좌전』에 나오는 고사 중 어느 신하의 답에서도 어울림과 조화로움이 화평한 마음으로 이어진다. 자기다움을 드러내기 위한 아름다움은 저절로 탄생하지 않는다. 까다로운 미적 판단 기준에 따라 직접 몸으로 느껴봐야 나에게 어울리는 아름다움을 알 수 있다. 결국 아름다움도 까다로운 기준을 통과하면서 자기다움과 어울릴 때 조화로움의 꽃이 핀다. 그 조화로움이야말로 나다운 스타일을 드러내는 고요와 평화의 자기다운 조화로움이다.

조화에서 화和는 '서로 뜻이 맞아 사이좋은 상태'로 좋은 의미를 가진 단어다. 조화(調和·서로 잘 어울림), 화합(和合·화목하게 어울림), 평화(平和·평온하고 화목함), 총화(總和·전체가 화목하게 어울림) 등을 보면 알수 있다. 화는 『논어』 '자로'에도 나오는 성어다. '군자화이부동 소인동이불화君子和而不同 小人同而不和'는 '군자는 조화를 이루되 같지 않고, 소인은 같음을 추구하고 조화를 이루지 않는다'는 뜻이다.

그리고 복지부동伏地不動에서 나오지 않고 화이부동和而不同에서 나온다. 복지부동은 마땅히 해야 할 일을 하지 않고 몸을 사림을 비유적으로 이를 때 사용하는 말이다. 조화로움은 전통을 무조건적으로 고수해서 이

자기다운 조화로움은 부단한 노력 끝에 다가온
행운의 선물이다

시선의 높이가 감각의 깊이를 결정한다

룰 수 없다. 저마다의 고유한 개성을 포기하지 않고 아름답게 어울릴 때 드러난다. 바로 화이부동은 어울리되 하나로 통일되지 않으며 같음을 추구하는 것이 아니라는 의미다.

옷을 입기 전날 밤에 세팅을 해두면 그다음 날 아침이 여유롭다는 사실은 말하면 입이 아픈 얘기다. 하지만 옷을 정해두어도 아침에 일어나서 옷을 입을 때까지 많은 변수가 발생한다. 밤새 없던 스케줄이 생길 수도 있고 갑작스러운 생리적 현상이나 변화무쌍한 일기예보에 날씨만큼 변덕스러운 나의 기분도 한몫한다. 평소 내가 스스로 그려보는 나의 모습과 원하는 이미지에 관한 애정어린 관심과 조화로운 옷 입기에 대한 나만의 신념과 확고함이 있다면 그 변수를 재치 있게 넘길 수 있다. 스타일링을 할 때 메인이 되는 아이템도 중요하지만, 무엇과 어떻게 연출해서 입을 것인가에 관한 감각적인 프로세스가 먼저 작동되어야 한다. '꼭 입고 싶은 아우터가 있다면 뭐하고 입지?' 막연한 질문보다 아우터와 어울리는 다른 아이템들과의 조화로움을 먼저 생각하자. 무엇과 어떻게 매치하느냐에 따라 그 아우터가 새로운 생명의 빛을 얻을 수도 혹은 빛을 잃을 수도 있다.

"자신 스스로가 원하는 이미지는 어떤 이미지인가요? 어떻게 보이고 싶은가요? 무엇을 보여주고 싶은가요?" 다짜고짜 "저 어떻게 입을까요?", "어떻게 입는 게 좋은가요?"라고 묻는 사람에게 내가 던지는 화두이다. 어떤 모습으로 어떤 이미지로 보이고 싶은가라는 질문에 망설임 없이 명쾌한 대답을 할 수 있다면 조화롭게 옷을 입는다는 것은 어려운 일이 아니다. 하지만 내가 던지는 질문에 망설임 없이 답하는 사람은 만나보지 못했다. 오감각을 충분히 느끼고 내 것으로 녹여낼 시간도 없이 빠르게 전해

'아름다움'은 결정적인 순간에 드러나는
찰나의 '신비로움'이다

져 흡수되고 마는 정보가 조화로운 아름다움을 추구하는 옷 입기를 가로막는 장본인이다. 넘치는 각종 정보나 패션 트렌드 때문에 높아지는 타인에 관한 관심과 시선을 자신에게로 돌리는 습관이 필요한 때이다.

틀림이 아닌 다름

조화는 하나로 통일시키는 획일화가 아니라 다름을 인정해주는 다양화에서 비롯된다. 뜨거운 용광로에 금속을 넣으면 형체가 사라지고 불순물마저 녹는다. 이후엔 찍어내는 대로 그대로 똑같이 만들어져서 나오게 한다. 용광로는 고유한 개성을 무시하고 다 뒤섞어서 하나로 만들어낸다. 용광로 스타일을 추구할수록 나의 개성은 없어지고 오로지 남는 것은 영원한 따라쟁이 습관이다. 반면에 모자이크 스타일은 개성이 살아 있는 가운데 여러 개체가 한자리에 모여 어우러지면서 하나의 작품이 되는 조화로움이다.

조화로움은 용광로가 아니라 더불어 아름다워지는 모자이크 같은 다양성의 존중이다. 정해진 형태로 반듯하게 세워지는 가방은 자기만의 확고부동한 기준을 갖고 있다. 가방이 추구하는 조화로움은 자기 기준에 맞으면 아름답고 맞지 않으면 아름답지 않다. 반면에 보자기가 추구하는 조화로움은 서로가 품어주고 인정해주는 스타일에서 비롯된다. 가방형 스타일이 옷에 몸을 맞추는 방식이라면 보자기형은 내 몸에 맞게 옷을 변화무쌍하게 추구하는 방식이다. 이처럼 조화는 일방적 주장과 강요에서 태어나기보다 타자를 품어주고 인정해주는 존중과 포용에서 비롯된다. 조

아무것도 정해져 있지 않는 내일,
그를 애도하며

화로움은 가방이 아니라 상대를 품어주는 보자기 같아야 한다. 조화로움은 전경과 배경이 어울리는 하모니다. 조화로움은 언제나 나와 너, 우리와 그들, 여기와 저기, 전경과 배경, 음지와 양지가 어울리는 가운데 탄생하는 관계의 미덕이다. 꽃다발이 조화로우려면 주변 다른 꽃이나 환경과 어울려야 한다. 사실 메인 꽃이 아름답게 드러나면서 빛이 나는 이유는 배경으로 무리를 지어 배경이 소재나 안개꽃과 같은 존재들 덕분이다. 다양한 소재들과 절묘한 조화를 이룰 때만이 메인이 되는 꽃이 더욱 아름답게 빛난다. 결국 조화로움은 가장 아름다운 순간에 저절로 저마다의 개성이 드러나는 과정에서 태어난다. 개인적으로 장미꽃과 안개꽃의 조합을 별로 좋아하지 않지만, 장미꽃과 안개꽃의 궁합은 이런 이치에서 일 것이다. 안개꽃 역시 장미꽃이 전경으로 존재하지 않는다면 안개꽃이 발휘하는 배경의 의미와 가치도 유명무실해진다. 이처럼 조화로움은 전경으로 드러난 장미꽃과 배경으로 작용하는 안개꽃이 저마다의 위치에서 서로가 서로에게 자기 본분을 다하는 과정에서 일어나는 상호작용이자 합작품이다. 전경과 배경이 조화를 이루면 풍경이 된다.

어울림으로 하나 되기

영화 〈내 생애 가장 아름다운 일주일〉에서 나는 일곱 커플의 의상을 담당했다. 처음 시나리오를 받았을 때 주인공이 많아서 당황스러웠다. 각자의 방식으로 사랑하며 살아가는 커플들의 인생 이야기를 예쁘게 담아낸 영화이다.

내가 세운 첫 번째 의상 콘셉트는 각 커플끼리 컬러가 겹치지 않는 가운데 스치듯 지나는 우연한 만남에서까지 개개인 그리고 커플끼리의 조화로움이었다. 두 번째 콘셉트는 지금 보아도 십 년 뒤에 보아도 시대를 앞서지도 뒤떨어지지도 않는 유행에 민감하지 않으면서 내러티브에 잘 녹아들어야 한다. 세 번째 콘셉트는 그 옷이어야 하는 이유가 있어야 한다. 주인공에게 어울리면서도 배우를 돋보이게 하는 접점을 찾아야 했고 자칫 스크린이 지루하거나 미장센에도 방해가 되면 안 되는 스타일링이어야만 했다. 마지막으로 촬영 현장의 많은 사공에게도 흡족함을 안겨주는 편안하고 세련된 절제미와 개성 있는 감각적인 스타일링의 완성이었다.

영화 촬영에 있어 터무니없이 낮은 의상비 예산은 영화의 이미지와 제작 의도를 살리는 의상을 만드는 장애물이다. 어떤 제작사는 의상과 헤어 메이크업에 큰 예산을 쓰지 않는다. 그저 협찬만 잘 받아오면 된다는 미술감독도 있었다. 영화 의상은 구매, 제작, 협찬, 대여, 개인 소장품의 균형과 조화로 만드는 예술작품이다. 한 마디로 영화 의상은 영화에 참여하는 모든 등장인물은 물론 그들이 연기하는 역할과 무대, 다른 배우와의 역학관계와 스토리 전개 시기에 따른 감정변화까지 총체적으로 뒤섞이며 어울려야 하는 조화로운 아름다움의 표본이다.

음식에도 궁합이 있다. 한식 상차림에서 요리 재료마다 궁합을 염두에 두고 요리하며 메인 요리와 어울리는 찬을 생각하는 것과 같다. 그다음 그릇과 플레이팅, 테이블에 올려지는 꽃과 꽃병 등 데코레이션까지도 조화로운 상차림에 빠질 수 없는 요소이다. 옷 입기도 궁합을 생각하자. 컬러와 톤의 조합, 소재의 강도, 패턴의 강약, 전체적인 실루엣에 신의 한 수

시련의 시간과 비례하는 삶의 농도

가 되어주는 가방과 구두, 액세서리와 자세, 태도, 제스처, 말투, 나만의 스타일에 대한 자신감까지 모두 조화로운 아름다움이 창조되는 데 관여되는 변수들이다. 내가 입은 옷이 하루를 시작함과 동시에 나를 만족시키고 행복까지 덧입혀줄 것인지 자신감을 떨어트리고 자존감의 배터리마저 방전시킬지는 조화로움을 찾아가는 감각의 안테나에 달려 있다. 조화로움은 모순됨이나 어긋남이 없는 서로 잘 어울림이다. 까다로움을 품은 아름다움은 조화로움으로 이어지고 아름다운 조화로움은 결국 어울림으로 귀속한다.

인문고전연구가 조윤제는 농민신문 오피니언 칼럼 「인문학의 뜰」에서, "조화를 이룬다는 것은 다양한 사람들과 어울려 화합한다는 것이지, 무조건 같은 생각을 하고 분위기에 휩쓸려 간다는 것이 아니다. 상대의 개성을 존중하는 만큼 나의 개성도 뚜렷하게 지켜나가면서 각자의 개성을 조화롭게 합칠 수 있어야 새롭고 창의적인 결과를 만들 수 있다. 같은 편은 모두 같은 목소리를 내야 하고, 설사 같은 편이라고 해도 다른 목소리를 내면 공격하고 배척하는 오늘날의 현실은 우려스럽다."고 했다.

묘하게 시선을 끄는 것

조화는 안정감이고 부조화는 불안감이라는 고정관념을 갖고 있다. 조화는 심리적으로 편안함을 주는 질서정연함을 뜻하고, 부조화는 아직 질서를 찾지 못하고 방황하면서 혼란스럽거나 무질서한 상태를 지칭하는 개념으로 받아들여지는 경우가 많다. 그래서 모든 부조화는 조화로 바꿔야 하는 좋지 못한 상태라고 생각하는 경향이 있다. 하지만 진정한 조화는 안정과 불안정, 질서와 혼돈, 편안과 불편이 뒤섞이면서 찾아가는 균형 잡기이다. 어울릴 것 같지 않은 이질적 요소들이 서로의 민낯을 드러내는 불균형이기도 하다.

불협화음不協和音은 서로 뜻이 맞지 않아 일어나는 충돌 또는 서로 사이가 좋지 않은 이들을 의미한다. 음악적 용어로는 조화가 맞지 않는 음과 그 울림, 서로 어울리지 않고 탁하게 들리거나 불안한 느낌을 주는 음을 가리킨다. 볼프강 아마데우스 모차르트 현악 4중주 19번 〈불협화음〉 K.465 1악장. 불협화음을 효과적으로 곡에 사용한 대표적인 예시이다. 르네상스 시대 음악부터 불협화음은 '보다 높은 단계'에 있는 완전 협화 혹은 불완전 협화로 변하여 곡에 완전성을 부여하는 역할로 취급받았다. 그 후 수많은 작곡가들이 불협화음을 작곡의 핵심 요소로 사용하였다고 한다. 현대 음악에서는 불협화음 자체를 하나의 기교로 활용하고 있으며 음 자체가 불안정해지는 음을 불협화음으로 안정감을 주기도 한다. 이것 또한 부조화가 낳은 조화로움이다.

불협화음 자체는 조화롭지 못하고 신경을 거슬리게 하고 곤두서게 만드는데 그렇다고 무조건 나쁜 것만은 아니라는 것을 음악 치료하시는 분과 대화를 하면서 알게 되었다. 일부러 불협화음을 들려줘서 어느 부위의 신경을 자극하여 치료를 돕기도 하는데 사람들이 불협화음을 안 좋다고 생각하는 부분도 본인의 가지고 있는 감각과 감성에 따라 다르다고 한다. 어떤 사람은 칠판 긁는 소리에 예민해지는 사람이 있고 어떤 사람은 찍찍이 뜯어지는 소리만 들으면 미칠 것 같다고 하기도 한다.

매치(조화)도 믹스 앤드 매치mix & match와 미스매치mismatch가 낳은

무엇보다 당신을 더욱 사랑하는 하루가 되기를,

자식이다. 믹스 앤드 매치는 이질적인 색상이나 디자인의 옷을 섞어서 입는 방식으로 언제부터인가 우리가 알고 있는 무언의 패션 공식에 도전장을 내밀기 시작한 대비 속에 조화를 이루는 스타일링이다. 틀에 박힌 정형화를 거부하고 법칙을 깨부수고 싶은 자유분방한 욕구가 용기 있는 개성과 만나 대중의 관심을 끌면서 부조화 속의 조화로움이 트렌드가 되었다. 패션계의 불협화음이다. 몇 해 전부터 스니커즈가 유행하면서 청바지엔 운동화, 스커트에는 구두의 패션 법칙이 깨졌다. 슈트에 운동화를 신는 캐주얼 슈트 차림과 스커트에 운동화를 신는 믹스 앤드 매치도 이젠 식상할 정도이다. 검정 스타킹에 흰 구두를 신는 일반인들이 넘사벽이라고 부르는 믹스 앤드 매치부터 여름옷에 겨울 부츠를 신어 한 몸에 여러 계절을 담아내는 스타일링까지 보는 순간 감탄을 부르는 다양한 믹스 앤드 매치 스타일링의 열기는 식을 줄 모른다.

해를 거듭할수록 과감한 믹스 앤드 매치를 선보이는 디자이너와 브랜드, 믹스 앤드 매치의 정점을 찍고 있는 패피들, 그들만의 매력적인 법칙으로 인정받고는 있으나 믹스 앤드 매치 스타일링은 저마다의 다른 관점으로 조화로움의 해석과 받아들임이 다를 수 있다. 정형화의 틀에서 벗어나 유니크한 멋스러움과 감성 스타일링이 유행하면서 믹스 앤드 매치는 패션을 넘어 인테리어까지 손을 뻗었다. 유명인과 여러 인플루언서들의 소품들이 SNS를 장식하면서 인기 있는 크고 작은 가구와 포인트 소품은 유쾌한 에너지를 뿜으며 활기차게 자리를 찾아가기 바쁘다. 식음료계도 어울리지 않을 것 같은 원료를 결합 '의외의 조합'으로 평범함 맛을 거부한다. 날로 다양해지는 소비자들의 입맛을 잡기 위해 특별한 맛을 찾는 소비자들을 공략한 맛의 차별화이다. 어떠한 재료와도 조화를 이루는 '믹스 음료' 베이스인 '토닉워터' 같은 나만의 패션 스타일링과 만능 아이템 필요하다. 이름은 토닉워터지만 어떤 음료를 어떤 비율로 섞을지, 개입되는 음료의 이색조합 방식에 따라 색다른 맛이 무한정 나타날 수 있다. 토닉워터처럼 모든 것을 수용하여 새로운 맛을 내는 유연한 옷 입기는 1년 365일 매일매일 새로운 나를 만나게 해줄 것이다. 믹스 앤드 매치라는 이름으로 무조건 모든 것이 허용되는 것은 아니다. 사람마다 각자가 지닌 특성과 감성, 살아온 환경으로 모든 것이 다 다르다. 한날한시에 같은 유전자를 받고 태어난 쌍둥이도 생김새가 다르듯 우리의 생김새가 다르다는 것은 누구나 다 아는 사실이다. 그렇게 다름을 아는 사람들이 옷 입기에서는 타인과 동일시를 추구한다. 믹스 앤드 매치 옷 입기에서도 나만의 세련됨을 위하여 덜어내거나 더하거나의 조율이 필요하다. 투머치too much가 조화로울 수도 있고 덜어내는 게 조화로울 수 있다. 투머치 스타일링도 투머치의 영역과 색깔이 있기에 그 안에서 나에게 어울리는 조화로움을 발견할 수 있다. 옷 입기의 강약 조절이라고 할 수 있는 힘주기와 힘 빼기로 내 안의 조화로움을 찾고 같은 옷을 입어도 다른 모습인 이유를 찾아서 부조화까지도 수용할 수 있을 때 진정한 조화로움을 찾을 수 있다.

명절이 되면 TV에서 프로그램 진행자들과 출연진들이 한복을 입고 방송을 하는 모습을 본다. 우리 가족은 매년 출연진들이 입은 한복을 보시고 늘어놓는 한경조 여사님의 나무람을 들어야 한다. 제일 먼저 꾸지람의 대상은 한복 저고리 동전인데 그들의 저고리 동전에 관심이 하나도 없는 내가 봐도 넓을 때는 너무 넓고 저고리 깃이 너무 여며져서 동전에 목이 베일 정도로 불편해 보일 때도 있다. 난 어릴 적 엄마가 명절 음식을 하실 때에 한복점에서 동전을 팔아본 경험이 있어서 남자 두루마기 동전에서 여자 저고리 동전까지 웬만해서 구분한다. "저게 뭐야, 너무 넓어져서 이상하다", "아무리 유행이라지만 저게 어울리느냐" 나는 이제 TV로 가서 보지 않아도 그들이 입은 저고리에 동전 너비가 눈앞에 그려진다. 그다음이 치마저고리 배색, 소매 넓이, 저고리 길이 등 한 엄마가 추구하는 한복의 조화로움에 대한 무궁무진한 가능성은 직접 입어보지 않고는 감각적으로 체감할 수 없다.

카푸치노를 마시면서 계핏가루를 살짝 뿌리지 않고 두 스푼 가득히 푹푹 떠넣으면 누가 뭐라고 할 사람은 없지만, 계피 향에 물든 커피는 정체성을 잃으며 조화로움과는 거리가 멀어진다. 스시를 먹을 때에도 흰살 생선부터 먹으라는 것은 음식 맛을 해치지 않기 위한 미각의 조화로움을 위해서다. 이렇듯 최상의 맛과 멋을 위한 조화로움은 존재한다. 조화로움은 개인마다 생각하는 범위와 수위가 다르고 상황에 따라서 달라질 수 있다. 조화로움은 각자의 감각과 감성의 선호도로 모습을 달리하기 때문에 나만의 까다로운 어울림의 잣대로 찾아가는 것이다. 옷 입기는 단순한 행위가 아니다. 어울리는 옷을 고르고 조화롭게 입는다는 것은 나의 삶에 대한 고찰이 따르지 않으면 찾아낼 수 없는 아름다운 선택이며, 또 나를 어떻게 가꾸어 나가고 성장시킬까 하는 것에 대한 진지한 성찰 없이 달성하기 어려운 결정이다.

삶의 모든 것이 완벽한 조화가 이루어지기를 기대하는 것은 무리가 따른다. 오히려 조화로움은 저마다의 개별적 요소가 독립적인 개성을 유지하면서 전체적으로는 아름다운 하모니를 이루는 모자이크를 추구하는 가운데 조화로움에 이르는 길을 찾아보는 것이 합리적인 선택이라고 생각한다. 입은 옷이 개별적으로 봤을 때 독립적인 개성이 강하다고 할지

라도 내 몸이 입은 옷을 관통하는 공통분모가 있어서 함께 잘 어우러지면 그 안에서도 얼마든지 조화로운 아름다움을 만끽할 수 있다. 어우러짐이 없더라도 각자 개성을 존중한 가운데 전체적인 아름다움과 어울리는 조화로움으로도 힘을 가질 수도 있다. 개별적 요소가 따로 떨어져 변방에 있는 독립군처럼 외롭지 않게 하는 그런 힘을 가지게 하는 것이 조화로움의 힘이라 하겠다. 나의 라이프 스타일은 나의 삶에 대한 태도이자 마음가짐이다. 마음가짐이 결국 행동으로 나타나고, 행동이 다시 마음가짐의 변화를 가져오는 선순환의 흐름을 낳는다. 지금까지 느껴보지 못한 조화로운 시도를 통해 까다로운 아름다움이 나의 스타일과 이상적으로 어울릴 수 있는 행복한 삶을 창조하기를 기대한다. 조화로움은 믹스 앤드 매치의 밸런스이자 미스매치의 언밸런스이기도 하다

조화는 한두 번의 노력으로 완결되는 명사가 아니라 여러 번의 시도 끝에 비로소 찾아내는 동사다. 조화로움이 명사가 아니라 동사인 이유는 조화로움의 끝은 없기 때문이다. 지금 여기서의 조화로움은 상황이나 공간이 바뀌고 그 속에서 어울리는 사람과의 관계가 바뀌면 조화로움도 부조화로 바뀔 수 있다. 조화로움은 그래서 노력하다 안 되면 포기하고 지금 현 상태에 만족하는 미완성未完成이 아니라 아름다운 조화로움을 추구해도 영원히 완성될 수 없는 미美완성이다. 아름다움 역시 한두 번의 노력 끝에 완성되는 결과가 아니라 반복해서 노력해도 끝을 알 수 없는 신비의 세계다. 완성되었다고 생각하고 만족하는 순간 더 이상의 발전은 기대하기 어렵다. 늘 부족하고 결핍되었다는 느낌과 깨달음이 나를 더 자기다운 조화로움으로 이끌고 간다. 조화로움은 아쉬운 미완성未完成이 아니라 영원한 미완성美完成이다.

경험,
아름다움을 채우는 마일리지

새롭게 떠오르는 해와 달은 새로운 바람을 불러오고, 새롭게 변화하는 계절에 나무는 새로운 꽃을 피운다. 우리는 계절이 바뀔 때마다 자연에서 아름다움을 경험하고 경이로움을 느낀다.

유명한 화가가 있었다. 어느 날 그의 친구가 물었다.

"자네가 그린 그림이 좋은 작품인지 아닌지 도대체 어떻게 평가하나?"

화가가 대답했다.

"난 그림을 그린 후 그것을 나무나 꽃 옆에 놓아 본다네. 내 그림이 그것들과 잘 어울리면 제대로 된 것이고 그렇지 않다면 잘못된 것이지."

『막시무스의 지구에서 인간으로 유쾌하게 사는 법 2』(막시무스 지음, 갤리온, 2007)에 나오는 프랑스 화가 샤갈의 이야기다. 내가 좋아하는 샤갈은 자연과 가장 가까운 것이 가장 아름답다고 했다. 나이가 들수록 자연으로부터 경험하는 아름다움과 희로애락이 더 절실하게 다가온다. 너무나도 예쁜 꽃이나 숨이 멎을 정도로 아름다운 풍경, 가슴을 씻어주는 망망대해, 새하얀 설경에 눈물이 나는 이유다. 그리고, 봄이 되니 하나둘 터지는 꽃망울에 핸드폰 카메라를 들이대며 예전에 엄마가 하던 것을 내가 한다고 말하는 사람들이 주변에 늘어나는 것만 봐도 알 수 있다. 하늘 문이 닫힌 채로 몇 해를 보낸 우리는 모두 여행으로 경험하는 아름다움을 애타게 그리

위하고 있다. 이제는 사진으로 보는 자연의 한 자락 풍경에도 감탄하며 내달려 가고 싶은 충동을 느낀다. 나이를 먹어가고 세상의 이치를 알아가면서 자연의 신비와 경이감, 기쁨과 놀라움은 포물선을 그린다. 인간이 범접할 수 없는 보이지 않는 힘을 경험하면서 자연을 원망하기도 하고, 언제나 변함없이 자리를 내어주는 자연에서 큰 위로도 받으며 자연의 소중함을 느낀다. 우리가 자연으로 내달려 가는 이유 중 하나일 것이다.

자연스럽게 드러나는 아름다움

인간은 잡초처럼 자연의 일부이고 자연 앞에서는 무력한 존재이다. 인간도, 잡초라고 불리는 풀도 매 순간 최선을 다하기에 아름답다. 누구의 눈치도 보지 않기에 순수하고, 자연에 순응하기 때문에 지혜롭고, 보는 사람들에게 영감을 주기에 자애롭고, 자신이 해야 할 일과 하고 싶은 일에 집중하기 때문에 사랑스럽고 아름다울 수 있다. 무력한 그들이 나약하게 무너지지 않고 주어진 상황에서 자기만의 방식으로 살아가려는 안간힘을 쓸 때 가장 아름다워 보인다. 이처럼 아름다움은 아픔을 견뎌내며 살아가려는 애쓰기에서 저절로 드러나는 자연미이기도 하다.

만물은 자신에게 온전히 몰입되었을 때 아름답다. 자연은 자신에게 온전히 몰입된 존재이다. 그런 자연은 참으로 아름답다. 아름다운 자연이라고는 하는데 아름답지 않은 자연이란 말은 들어본 적이 없다. 자연은 매 순간 자신의 언어와 몸짓을 가진다. 인간은 그런 자연을 흉내 내고 자연으로부터 많은 것을 얻고 배우려고 노력한다. 자연스러운 아름다움을 재

가끔 딴짓을 하면 할수록 인생은 즐거워진다
누구나 한번쯤은

현하는 예술적 창조와 원천은 '미메시스mimesis'의 형태라고 말한다. 자연에서 영감을 얻은 아름다움을 창작의 원료로 삼는 예술인들이 많은 이유다. '자연스럽다'는 곧 '아름답다'와 동의어다. 꾸미지 않고 있는 그대로의 모습으로 자신의 존재 이유를 드러내는 아름다움은 범접할 수 없는 아름다움의 아우라다. 개인이 가진 신체의 색과 어울리는 색을 찾는 퍼스널 컬러 진단도 사계절의 컬러와 톤에 바탕을 둔 것으로 사계절마다 계절별 이미지를 가진다. 계절마다 옷을 갈아입는 자연 안에서 우리들의 옷 입기도 자연을 따라간다. 거부할 수 없는 계절별 옷 입기가 필요한 이유다.

금강산은 어떤 옷을 입느냐에 따라 불리는 이름이 다르다. 갖가지 나무와 풀, 꽃들이 철 따라 아름답게 장식하여 산이 입는 옷에 따른 이름이 지어졌다. 봄은 온산이 새싹과 꽃이 뒤덮이므로 금강산金剛山, 여름은 녹음이 깔리므로 봉래산蓬萊山, 가을에는 12,000봉이 단풍으로 곱게 물들어 풍악산楓嶽山, 겨울에는 나뭇잎이 지면서 앙상한 뼈처럼 드러나므로 개골산皆骨山이라 불린다. 자연이 계절의 흐름에 따라 자연스럽게 옷을 갈아입듯 사람도 계절과 장소와 때에 따라 옷을 입을 때 자연스러운 아름다움이 드러난다. 금강산의 경치가 특이하게 아름다운 것은 지리적 위치와 높이에 따라 기후가 다르고 변화가 많은 기상 조건을 있는 그대로 받아들이고 그 순간 자연이 보여줄 수 있는 모습을 있는 그대로 보여주기 때문이다. 특이한 기후 풍토 조건, 다양한 동식물이 서식 상태, 계절마다 다르게 나타나는 절경이 철 따라 다른 자태를 보여주는 금강산의 아름다움을 하나의 획일화된 잣대로 일관적으로 평가하고 판단할 수 없다.

자연은 매 순간 변하기를 두려워하지 않는다. 우리는 변화를 두려워한다. 자연과 인간의 일대기가 달라서일 수도 있겠다. 일 년 안에 봄, 여름, 가을, 겨울 지나 다시 봄인 자연과 달리 인간의 봄, 여름, 가을, 겨울은 단 한 번뿐이다.

　사람들은 바람에 날려 뒹구는 마른 낙엽을 보고 아름다움을 느끼며 낭만에 젖는다. 우리의 몸에 나타나는 가을 현상에는 아름답다고 이야기하기보다 추하다는 표현은 쓰면서 말이다. 봄과 여름 뒤에 맞이하는 가을이 아름다운 이유는 치열하게 살아온 봄과 여름의 시간을 가을이 고스란히 간직하고 있기 때문이다. 사람도 시간과 더불어 봄을 거쳐 여름을 지나고 가을을 맞이하여 모든 것에 순응하며 노을 진 가을하늘의 아름다움을 만끽하는 여유를 지닐 때 가장 아름답다. 그 순간 사람도 가을처럼 인생의 가을이 주는 아름다움을 즐길 수 있는 삶의 여백이 생기기 때문이다.

　우리들의 옷 입기도 그런 자연에서 배우는 변화와 몰입으로부터 시작하는 경험이다. 나의 노력과 경험으로 색다른 하루하루를 맞이할 수 있으며 인생의 사계절을 어제와 다르게 몸으로 느낄 수 있다. 나의 옷 입기가 행복한 이유다. 행복한 옷 입기로 가는 길은 말과 기술의 문제가 아니라 자신의 행동으로 여실히 보여주고 경험으로 찾아가는 길이다. 행복, 해피니스happiness의 어원은 '발생하다'를 의미하는 '해픈happen'이다. 우연히 그 사람에게 주어지는 것 해프닝happening과 같은 어원에서 왔다. 해프닝을 자신의 삶으로 끌어당겨 순간을 영원한 행복으로 매 순간 변모시키겠다고 생각하는 사람은 다르다. 눈을 뜨고 자신의 삶을 깊이 보는 사람에게 그 우연은 자신에게 무한한 행복을 가져다주는 필연적인 운명이 된다. 우연히 일어난 일이지만 그 우연을 낚아채서 삶의 필연으로 엮어가는 사람들이 보여주는 행복한 예술이 바로 아름다운 삶이다. 자연스럽게 드러나는 아름다움이 우리 모두가 추구해야 될 아름다움이다.

익숙한 자리에서 벗어나
새로운 변화가 필요하다고 알려주는 인생 알람

아름다움이란

아름다움이란 무엇인가? 무엇이 아름다운가? 사람마다 느끼는 아름다움, 미의 관점도 다르고 각자의 안목과 경험으로 느끼는 아름다움도 다르다. 모든 것의 평균을 사람들이 아름답다고 느끼는데 아름다움에 관대한 사람이 있는가 하면 그렇지 않은 사람도 있다. 인간은 남들이 그렇다고 무의식적으로 받아들이는 대표적인 기준에서 아름답다고 느끼는 무언가가 있다. 그 아름다움이 나에게 기쁨을 줘야 하고 뭔가 사람들이 깊이 몰입할 수 있는 상황에 집중할 수 있을 때 기쁨이 증가한다고 했다.

우리는 일종의 호감을 느끼고 있는 모든 것의 평균을 아름답게 느끼고 어떤 미학적 관점을 같이 공감하고 싶어 한다. 평균적인 아름다움도 아름다움이고 평균에서 벗어난 아름다움도 아름다움이다. 난 언제부턴가 임신한 여성이 그렇게 아름다워 보일 수가 없다. 요즘 임산부들은 몸의 큰 변화 없이 자신의 몸무게를 유지하면서 둥그스름한 배만 돋보이는 편이다. 예전에는 임신하면 헐렁한 옷으로 배를 감추고 다녔다면 요즘은 몸매를 자신 있게 드러내는 임산부가 많아졌다. 그리고 스스럼없이 자신의 임신한 배를 사진과 영상으로 보여준다. 검정 레깅스에 배를 잘 감싼 푸른색 랩 스타일 상의를 입고 걸어가는 임산부를 한참 쳐다본 적이 있다. 배가 꽤 많이 나왔는데도 뒤뚱거리거나 팔자걸음을 하지 않고 무게중심을 잡고 이동을 꽤 잘하며 걸었다. 생명을 잉태한 그녀의 원만한 곡선이 런어웨이 그 어떤 모델보다 더 아름다워 보였다.

아리스토텔레스는 절대적인 아름다움이 존재한다고 했다. 절대적인 아름다움이 존재할까? 시공간을 초월하는 아름다움이 존재할까? 시대, 문화, 장소에 따라 아름다움은 달라져 왔다. 시대에 따라 변한 미의 관점은 역사책 속의 여인들만 봐도 알 수가 있다. 아름다움은 고정된 것이 아니라 시공간을 달리하며 계속된 경험으로 변해왔고 앞으로도 변모할 것이다. 아름다움에 대한 한 가지 진리가 존재하는 게 아니라 상황에 따라 아름다울 수도 있고 그렇지 않을 수도 있는 아름다움에 관한 일리 있는 의견이 존재할 뿐이다. 아름나움은 만고불변의 진리가 아니라 상황에 따라 변하는 일리一理다.

내가 주관적으로 아름답다고 생각하는 부분을 알아야 하고 신체적 특징으로 알 수 있는 객관적인 아름다움도 알아야 한다. 아름다움은 어느 정도의 주관이 섞여야 하는데 아름다움에 대한 저마다의 경험이 다르기에 모든 것이 다 아름다울 수 있다. 아름다움을 자신의 것으로 장착하려면 자신에게 몰입하고 집중해서 많이 경험해봐야 한다. 경험해보는 아름다움만 아름답게 몸으로 감각할 수 있기 때문이다. 느끼고 경험하는 기억으로 나의 것이 되면 그것은 단순한 아름다움이 아니다. 나만의 아름다운 시공간적 경험으로 내 몸에 각인되는 아름다움이다.

2001년, 파리 여행에서 보고 느낀 아름다움의 전율과 대서사시는 모두 나열하기 힘들지만, 그때의 추억과 기억으로 내가 사랑하는 파리는 여전히 가장 아름다운 축제가 이어지는 곳이다. 파리의 풍경과 건축물, 여러 미술관과 박물관의 예술작품, 다양한 사물에서 느낀 아름다움은 아름다움의 전형이다. 일요일 아침, 개선문을 따라 산책을 하는데 내가 한번도 보지 못한 풍경이 눈에 들어왔다. 영화나 CF에서나 봄 직한, 손을 꼭 잡

고 다정하게 걸어가는 노부부다. 한국에서는 노부부가 손을 꼭 잡고 다정하게 나란히 걸어가는 모습은 그 당시에는 흔하게 볼 수 있는 게 아니었다. 지금도 보기 쉬운 광경은 아니다. 더 놀라운 건 인형처럼 차려입은 할머니의 옷차림이었다. 은발의 할머니는 페일한 핑크색 스타킹에 핑크색 페레가모 구두를 신고, 핑크색 스커트와 재킷, 핑크색 샤넬 가방을 들고 있었다. 할아버지도 꽤나 멋스러운 슈트 차림을 하고 있었는데 할머니의 핑크 스타일링이 너무 센세이션했기에 할아버지 의상에 대한 별다른 기억은 없다. 약간은 느긋하고 조심스러운 걸음걸이를 봐서 나이가 들어 보였다. 어디서나 쉽게 볼 수 없는 아름다움의 보고, 파리에서 보니까 더욱 아름다워 보인다. 저마다의 아름다움이 저마다의 방식으로 빛날 때 고유한 스타일이 탄생한다.

세상을 다 안을 정도로 고요하고 평온한 사랑스러운 그들에게서 눈을 뗄 수도, 그들을 앞질러 갈 수도 없었다. 한국에 돌아와서 그 얘길 몇 번이고 했지만 내 얘길 듣는 사람들은 내가 느낀 아름다움을 온전히 공감하지 못했다. 내가 경험한 것을 그들은 경험하지 못했기 때문이다. 지금이라면 당장 아이폰을 꺼내 들었겠지만, 그때 그들의 모습은 내 눈으로 찍고 내 가슴으로 인화한 추억의 사진이자 아름다운 경험의 산물이다. 오후 느지막이 센강을 바라보며 혼자 앉아 있는데 영화 속 한 장면이 그려졌다. 늘씬한 키의 커플이 손을 잡고 급하게 뛰어가는 모습이 얼마나 아름답고 부럽던지 쳐다보고 싶지 않을 정도였다. 하지만 그들은 멀어질 때까지 내 시선을 고정해놓고 내 마음마저 훔쳐갔다. 그 커플은 한눈에 봐도 올 블랙으로 드레스업한 차림이었는데 긴 생머리 여자는 짧은 검정 원피스에 재킷을 입고 살이 드러나 보이는 검은색 스타킹에 굽이 낮은 구두를 신었고 검은색 가방을 들고 있었다. 남자 역시 디올 옴므 모델을 연상시키는 모습이었다. 20년 전인데도 말이다. 알고 보니 그들은 센강 유람선을 타고 파리 야경을 보며 데이트를 즐기기 위해 승선 시간에 늦지 않으려고 뜀박질을 해야 했고 유람선에서의 저녁 식사를 위해서 잘 차려입은 것이었다.

지금 생각해 보니 그 당시 프랑스 파리에서는 색깔 맞춤 스타일이 유행이었나보다. 우리나라에서도 한때 유행이었던 색깔 맞춤 패션이다. 그때부터 파리의 커플은 다 아름다워 보였고 뛰는 모습까지 아름다워 보이는 파리의 커플 덕분에 난 연애하기가 더 힘들어진 건지도 모른다. 같이 손잡고 뛰어줄 남자가 생기기 전까지는 혼자서 유람선을 타지 않겠다는 다짐을 한 지 20년이 흘렀다. 다음 파리 여행에서는 혼자서도 유람선을 타고 아름다운 파리의 야경을 경험해보기로 마음먹어본다. 내가 그들의 모습에서 경험한 아름다움은 주관적일 수 있으나 전혀 수긍할 수 없는 아름다움은 아니다. 내가 경험한 나만의 아름다움은 나의 감성과 취향으로 자리를 잡고 뿌리를 내리며 자라난다. 아름다움은 그렇게 경험으로 인해 조용하고 섬세하게 끊임없이 변화하고 진화하는 존재이다. 아름다움의 주관성은 인간의 특권이다. 아름다움에 대한 관점과 기준은 다르지만 어떤 것이든 경험해야 아름다움을 알 수 있고, 경험한 아름다움만이 온전한 나의 것이 되고 무언가가 일어나고 경험되었을 때 미학도 탄생한다.

꾸미는 아름다움은 이상적인 이미지를 설정해놓고 그것과 닮아보려는 절대적인 아름다움으로의 도전이다. 이에 반해 가꾸는 아름다움은 내가 판단하고 결정하는 주관적인 아름다움이다. 가꾸는 아름다움은 나에게 가장 잘 어울리고 나만의 매력을 더 돋보이게 하는 나다움이다. 아름다움은 가꾸면 가꿀수록 더 아름다움의 꽃이 피어난다. 나의 고유한 아름다움을 가꾸지 않고 꾸미는 것에만 급급하면 진정한 나를 찾아 떠나는 여행에서 낙오자가 된다. 없는 미적 감각을 억지로 꺼내서 남을 따라잡기 위해 졸속으로 꾸밀수록 나의 본래 아름다움에서 벗어나 왜곡된 미를 보여줄 뿐이다.

반면에 나만의 아름다움을 판단하는 주관적인 기준을 정해놓고 직접 경험할 때 이전에 느낄 수 없었던 새로운 감각적 각성을 얻는다. 직접 경험하면서 느끼는 시행착오들을 기반으로 나다움을 가꾸어 나갈 때 점차 그 누구와도 비교할 수 없는 고유한 아름다움이 탄생된다. 운동과 식단조절로 체중조절을 하지 않고 다이어트 약을 먹고 주사 시술과 지방 흡입 수술을 받아 몸을 만들고 성형수술로 자신의 몸을 만들어가는 사람이 많다. 억지로 만든 인위적 조각미는 오히려 자연스러운 모습에서 느끼는 형언할 수 없는 아름다움을 왜곡할 뿐이다. 아름다움을 인위적으로 꾸미기 시작하면 많은 사람에게 조소와 조롱을 받는다. 하지만, 가꾸는 아름다움을 지속해서 개발해나간다면 많은 사람이 닮고 싶어하는 선망의 대상이 될 수 있다. 저마다의 아름다움은 저마다의 스타일로 아름답다.

아름다움을 감각하다

스타일 검진 예약이 있는 날에는 컨설팅을 받기 위해 회사를 찾아오는 고객을 기다리는 설렘으로 시작한다. 오늘은 어떤 분과 함께 어떤 여행을 하게 될지, 나를 찾아 떠나는 여행을 준비하고 함께 떠나는 여정은 참으로 신선한 즐거움이고 나에게는 경험적 미학을 만끽하는 시간이기 때문이다. 신체적 특징과 그들의 감성을 읽어가며 꼼꼼한 까다로움의 안테나를 높게 끌어올린다. 감각 회로를 풀가동하고 그들이 하나씩 밖으로 끄집어내는 내면과 마주하다 보면 참으로 놀라운 점을 발견한다.

첫 번째는 각자의 아름다움이 있고, 저마다의 그 아름다움이 참으로 아름답다는 것을 느낀다. 두 번째로 놀라운 점은 그 아름다움을 본인 스스로는 모르고 살아가고 있다는 사실이다. 나의 관점에서 내가 느끼는 아름다움을 그들 스스로는 느끼지 못하고 있다는 것은 안타까운 일이다. 세 번째는 내가 말로 설명했을 때는 이해한다는 표정의 변화가 없다. 소귀에 경 읽기식으로 받아들이다가 어울림과 안 어울림으로 비교해가며 아름다움을 들추어 꺼내주면 그제야 수긍하며 놀라는 기색을 보인다. 아름다움을 발견하는 속도도 수긍의 피드백도 사람마다 제각기 다르다. 자신이 지닌 아름다움도 스스로 경험한 후에야 그 아름다움을 알 수 있다. 내가 느끼고 경험한 아름다움은 나에게 뿌리내려 있는 생생함을 가지고 있으며 나를 가꾸고자 하는 욕망의 씨앗으로 자라난다.

어떤 경험 없이도 아름다움을 잘 느끼고 발견하는 뛰어난 감각과 높은 안목을 지닌 사람도 있다. 느끼고 경험한 아름다움으로 삶을 잘 가꾸고 채우며 살아가는 사람도 있다. 우리의 감각은 나이를 먹으면서 점점 쇠퇴하고 중력을 거스르지 못하는 몸은 나의 의지와 무관하게 변하기 때문에 우리의 숨과도 같은 생명력 있는 아름다움은 끊임없이 경험되어야 한다. 『명심보감』에 따르면 한 가지 일을 경험하지 않으면 한 가지 지혜가 자라지 않는다. 경험을 자기 것으로 체득하면 세상을 살아가는데 지혜를 더할 수 있다는 의미와 같이 아름다움도 경험했을 때 온전히 나의 살과 피가 되어 나의 독특한 개성미를 승화시키는 에너지가 된다. 아름다움은 관

망과 관조의 대상이 아니다. 내가 스스로 욕망하고 체험하는 가운데 몸으로 직접 느끼는 살아 있는 역동적인 관능이다. 관능은 내 몸이 직접 개입됐을 신체가 느끼는 욕망이다. 나의 아름다움은 나의 고유한 정체성을 나만의 방식으로 드러내는 독특한 스타일에서 폭발하듯이 겉으로 표현되는 아우라다. 가만히 앉아서 몇 번의 클릭으로 자신의 화려하고 아름다운 미래를 꿈꾸는 사람들이 많다. 그런 미래는 상상 속에서만 존재할 뿐이다. 매일매일 똑같은 스타일을 하고 정해진 틀에 박힌 옷 입기와 무조건 따라 하기, 어설프게 흉내 내기 스타일링으로는 나의 아름다움을 제대로 경험하기 힘들다. 직접 살펴보고 입어보고 경험한 구매로부터 입고 움직이고 체험하면서 나의 아름다움을 두드려 깨울 때 우리들의 옷 입기는 힘을 얻을 수 있다.

『나, 있는 그대로 참 좋다』(조유미 지음, 허밍버드, 2017)에 "나는 이 세상에 열심히 피워낸 꽃이다. 좋은 물과 좋은 공기와 좋은 햇빛만 받고 자라도 부족할 만큼 귀한 꽃이다. 그러니 나를 위해서 살아야 한다."라는 말이 나온다.

나를 위한 아름다움을 창조해야지 다른 사람의 아름다움을 보고 무조건 갈망하고 시샘하고 질투하며 시기하는 삶을 살아갈 시간이 없다. 모든 존재는 존재 자체로 소중할 뿐만 아니라 그 누구와도 비교할 수 없는 자기다운 아름다움을 지니고 있다. 그 아름다움을 위해서 부단히 노력하고 공부하는 삶이 행복한 삶이다. 누구나 실수할 수 있고 부족하며 결점투성이다. 그렇다고 그런 결점이나 단점을 탓하며 꼬투리 잡지 말고 있는 그대로 나를 받아들일 때 나의 자연스러운 아름다움은 자연스럽게 드러난다. 남들과 비교하는 아름다움은 비교하는 순간 비참한 아픔으로 자괴

smile

나에게 솔직할 때 더 행복하니까

감을 낳는다. 저마다의 존재는 저마다의 방식으로 살아갈 때 저마다의 존재 이유와 가치가 드러난다. 그 순간이 바로 가장 아름다운 존재로 거듭나는 때다. 누군가가 이런 말을 남겼다. 사람이 꽃보다 아름다운 것은, 그만한 인성과 마인드와 품격을 갖추고, 향기와 따뜻한 온기를 지녔기 때문이라고.

경험적 미학으로의 옷 입기

우리는 실용성과 기능성을 추구한다. 주어진 상황에서 가성비를 따지고 효율적인 선택을 우선시한다. 옷을 입을 때에도 모든 이유를 실용성에 주안점을 둘 수 있는데 실용성에만 머무르다 보면 서로 사용만 될 뿐 실용성 이상의 향유를 누리지 못한다. 실용성과 기능성, 그리고 효율성이 똘똘 뭉치면 나다움을 드러내는 진정한 자기 정체성은 뒤쪽으로 밀려난다. 더욱이 나를 이전과 다르게 표현하면서도 나다움을 드러낼 가능성의 문은 닫히기 시작한다.

예쁜 구두를 신고 싶은 사람이 나에게 어울리는 구두를 찾기보다 실용성만을 우선시한다면 내가 지니는 무언가는 나의 아이덴티티가 아니라 그 물건의 아이덴티티를 잠시 빌려서 사용하는 것이다. 나의 아이덴티티가 중심이 아니라 물건의 아이덴티티가 중심에 서 있을 때 나는 나의 주체성을 드러내지 못하고 변방으로 밀려난 들러리 신세로 전락한다. 나의 고유한 무언가가 늘어날 수 있는 나름의 연습이 필요하고 나의 아이덴티티에 대해 고민하고 만들어보고 보여주며 표현하는 연습도 필요하다. 아름다움이 나에게 주는 특권과 아름다움으로 누릴 수 있는 즐거움과 기쁨은 마음껏 누릴수록 더욱 빛난다. 아름다움은 관념적 '추상미抽象美'가 아니라 실제 몸으로 느껴보지 않으면 알 수 없는 신체적인 '구체미具體美'다.

예쁘고 좋은 유리컵과 미적 감각은 일도 찾아볼 수 없는 둔탁한 머그컵이 있다. 보는 것만으로 눈이 즐겁고 만지는 것만으로도 기분 좋아지는 그런 유리컵에 물을 마실 때 느끼는 포만감과 행복은 물맛도 바꿔놓는다. 이왕이면 다홍치마. 우리의 생활에서 물컵 하나로도 실용성과 함께 아름다움을 즐기는 순간 행복함을 선물로 받는다. 내 몸에 걸쳐지는 옷과 장신구는 내가 느끼는 경험적 미학으로 연결되고 나아가 더 큰 행복을 안겨줄 수 있다. 아름다움을 느끼고 경험할수록 더 많은 아름다움과 더 선명한 아름다움을 발견하게 된다.

경험적 미학은 삶을 영위해나가는 우리의 여정에서 행복의 원천이다. 아름다움을 느끼고 경험할 수 있도록 감각적 각성도 깨어난다. 내가 몸으로 겪어본 경험적 미학은 나의 신념으로 자리를 잡는다. 나의 기존 지식으로 경험을 재단하는 관념적 앎이 아니라 나의 몸을 관통하면서 생긴 감각적 각성이 색다른 앎으로 자리를 잡을 때 가장 아름다운 경험적 미학이 생기는 법이다. 그 순간 신체적 감수성은 최고로 열리게 되고 가장 아름다운 자기다움이 태어난다.

경험적 미학으로부터의 옷 입기는 자기 치유를 위한 몸부림을 시작으로 남다름과 색다름으로 이어진다. 경험적 미학으로의 옷 입기, 그 경험은 자신에게 색다른 자신을 선물해준다. 나에게 잘 어울리는 옷 입기를 통해 파생된 아름다움의 감성은 내 인생에 아름다운 파장을 불러일으킨다. 그때 내 몸으로 퍼지고 나를 휘감는 아름다움의 파장은 긴장 상태를 유지하지만, 극도의 절제미와 단순미가 형언할 수 없는 색다름과 만나면서 그 어디서도 볼 수 없는, 격이 다른 아름다움으로 빛나기 시작한다.

취업을 앞둔 학생들을 대상으로 면접 컨설팅에서 이미지 컨설팅 강의를 하던 시절, G그룹 임원분의 면접 복장에 대한 말씀을 듣고 현타(현실 자각 타임)를 맞은 적이 있다. 제발 똑같은 복장을 입혀서 면접실에 들여보내지 말라는 것이다. 다 똑같은 사람으로 보여서 오히려 면접을 방해한다는 말을 듣고 면접 복장에 대해 다시 생각하는 기회가 되었다. 면접 복장으로 입을 수 있는 정장 차림은 컬러와 디자인이 거의 획일화되어 있었고, 모두 그 시즌에 면접 복장으로 구매 가능한 몇 안 되는 브랜드에서 구매를 하니 면접 복장이 겹칠 수밖에 없다. 그 당시는 면접 컨설팅이 활성화되던 시기여서 면접 복장을 만들어 판매하던 컨설턴트도 있었는데 오래가지 못했던 것으로 기억된다. 그 후, 기업에서 원하는 인재상과 면접관의 사고도 변하고 면접 형식이 조금씩 달라지면서 면접 복장에서도 정해진 틀에서 벗어나 자신의 개성을 어필하는 방향으로 변화되었다. 이렇듯 옷 입기는 정해진 옷에 나를 구겨 넣는 것이 아니라 나다움을 드러내기 위해 나를 중심에 세우는 아름다운 가꾸기 과정이다.

상상과 고민만으로는 사실 달라지는 건 하나도 없다. 장바구니에 들어있는 위시리스트 아이템은 영원히 희망 사항일 뿐 오히려 상상 속의 나에게 빠져서 거울 속에서 사과를 건네는 마녀에게 의존하게 된다. 무슨 일이든 해보고 경험했을 때 배움과 얻음이 삶의 지혜로 이어지듯이 옷도 입어봐야 하고 헤어 스타일도 바꿔봐야지 나에게 어울리는지 안 어울리는지 알 수가 있다. 해보지 않고 책상에 앉아서 생각하는 상상은 공상이

뜨거운 열정보다 지속적인 열정을

나 허상, 망상이나 몽상에 가깝다. 상상이 현실이 되기 위해서는 체험이 필요하다. 상상한 내용을 직접 체험해봐야 상상한 내용의 현실 적합성을 판정할 수 있다. '나에겐 절대로 안 어울릴 거야' 또는 '무조건 모르겠다. 안전하게 가자'는 식의 쇼핑을 하고 귀차니즘을 보태서 한 가지 스타일만 고집한 옷 입기는 더 이상의 발전도 미래도 없을뿐더러 현실과 괴리감이 느껴지는 스타일링으로 나를 점점 비호감 부류로 몰고 간다. 장바구니의 위시리스트도 나의 욕구인가? 세상에서 인정해주는 취향인가? 자신의 감성과 욕구를 먼저 냉정하게 바라보기를 바란다. 내가 원하고 나를 표현하고자 하는 나의 아이덴티티는 내가 잘 성립해야 한다. 나의 아이덴티티에 맞는 스타일을 창조하기 위해서는 내 몸이 직접 감각적으로 체험해봐야 한다. 신체적 감수성으로 오감을 느낄 때 비로소 나만의 스타일이 창조되는 순간이다.

한 달 과정인 스타일링 컨설팅의 마지막 4회차는 동행 쇼핑이다. 반드시 옷을 구매하기 위함이 아니라 함께 매장을 둘러보면서 그동안 얻은 스타일링 솔루션을 몸으로 체험하는 시간이다. 브랜드마다 특성을 파악하며 컬러와 소재를 비교하고 나에게 어울리는 옷을 직접 입어보고 느끼면서 색다른 나를 만난다. 트렌드까지 함께 읽어가며 나에게 접목할 수 있는 시간이라 고객님들의 만족도가 아주 높다.

"저 혼자 백화점에 왔으면 쳐다보지도 않았고, 절대 입어보지 않았을 옷이에요."

내가 권한 옷을 입어보고 바로 계산해 들고나오면서 고객이 한 말이다. 그 고객님은 옷을 입을 때마다 달라지는 자신의 아름다운 모습에 취해서 나와 헤어지고도 두 시간 넘게 혼자서 입어보기를 했단다. 처음 만났을 때보다 주변에서 예뻐졌다는 말을 들으니 자신감도 생긴 모습이었다. 그다음 날 그녀가 보낸 사진을 보고 깜짝 놀랐다. 몸으로 체험하며 습득한 그녀의 패션 감각이 확 달라져 있었고 그녀가 던지는 질문도 한층 업그레이드되었기 때문이다. 온몸으로 체험하는 옷 입기를 통해 자기 변신을 시도하는 행복한 모습의 단면이 아닐 수 없다.

아름다움을 채우다

나에게는 색다른 나를 만나는 시간에 꼭 필요한 소금 같은 존재 두 가지가 있다. 어울리지 않은 다홍빛에서부터 뱀파이어 흑장미 컬러 립스틱까지 외출 시에는 절대 바르지 않는 빨간 립스틱과 세수할 때와 머리 감지 않은 날에 쓰겠다는 명분으로 사들이는 헤어밴드가 그 주인공이다. 고속버스터미널 지하에서 산 아동용 고양이 머리띠부터 서양 장례식장에서 봄 직한 레이스 망사 머리띠까지 다양하게 즐기면서 그때그때 달라 보이는 나를 경험한다. 부지런히 헤어스타일을 바꾸는 것은 쉬운 일이 아니니 그 갈증을 헤어밴드가 해소해주고 있다. 나는 경험적 미학을 마음껏 향유하는 것에서만큼은 행복한 사람이다. 내가 누릴 수 있는 특권을 모른 채 살아가는 사람들이 많다. 각자 이런 색다른 경험으로부터 선물 받는 행복의 연결 고리 한두 개는 가져보길 바란다. 그런 행복 연결 고리 아이템은 크게 힘들이지 않고 내가 투자한 것보다 훨씬 더 크고 많은 것들을 안겨준다. 작은 소품 하나가 위대한 작품을 만드는 특별한 역할을 할 때가 많다. 디테일의 미학이지만 그로 인해 전체적인 아름다움이 훨씬 더 특별하게 빛나는 경험 미학이 우리를 더욱더 아름다운 행복감으로 빠뜨리는 신의 한 수가 된다.

　대부분 사람들은 얼굴에만 공을 들이기 바쁘다. 나 역시 얼굴을 두들기는 만큼 내 몸의 다른 곳으로 가는 손길은 적은 편이다. 전국 기능경기대회 피부미용 1호 대통령상을 받으신 황미서 원장님께 넥 앤드 데콜테 크림(neck and décolleté cream, 프랑스어로 '목둘레를 파다'라는 뜻. 일반적 가슴 어깨 등을 크게 판 깃 트임의 총칭. 칵테일 드레스나 이브닝 드레스에서 많이 볼 수 있다)을 선물 받기 전까진 목, 어깨, 쇄골 부위에 크림을 꼼꼼하게 바르지 않았다. 넥크림은 사두고도 한 달에 몇 번 바르는 정도였다. 안쪽은 복장뼈에, 바깥쪽은 어깨뼈와 관절을 이룬 가슴 위쪽 좌우에 있는 한 쌍의 뼈가 쇄골이다. 예쁘게 가로지어진 뼈 위로 물이 고이길 바라는 마음으로 쥐어 뜯어본다는 쇄골은 여성들의 로망이다. 대학을 졸업하고 피부에 관심을 가지기 시작했던 때에 데콜테 관리는 아무도 알려주지 않았다. 목 관리에서도 얼굴에 바르는 크림과 몸에 바르는 크림의 구분 없이 대충 발라왔다. 목에서 시작하여 어깨와 쇄골 사이 움푹 들어간 부위까지 꼼꼼히 바르고 뼈를 넘어서 아래 3센티미터까지 바르기 시작한 것은 나도 얼마 되지 않았다. 얼굴, 목, 가슴 모두 몸을 이루는 피부는 똑같은 피부인데 얼굴만큼 소중히 여기지 않는다. 우리 몸 어느 한 곳 중요하지 않은 곳이 없는데 말이다.

　옷으로 덮여 있는 시간이 많은 피부여서 그러할 수도 있겠다. 그리고 얼마 전에 '11AM' 임여진 대표님에게 선물 받은 가슴 크림을 열심히 사용하고 있다. 몇십 년 만에 사용해본 가슴 크림은 확실히 효과가 있다. 미묘하게 느껴지는 효과만으로도 은근히 기분이 좋아진다. 이렇게 부위별 전용 크림 사용도 중요하지만, 마사지할 때 마사지용 전용 크림을 사용하는 것이 좋다. 보습 크림이나 영양 크림이 효과가 더 좋을 것으로 생각해서 사용하는 사람들이 많은데 잘못된 생각이다. 마사지 전용 크림은 혈액 순환을 돕고 손의 회전을 원활하게 해주는 성분이 있어 마사지의 효능을 높인다. 손의 회전이 부드러워야 주름도 덜 생기는데 일반 로션이나 크림은 도리어 얼굴의 주름을 더 유발할 수 있다고 한다.

핸드크림과 풋크림도 자주 구입하는 편인데, 사두고도 소홀해지기 쉬운 관리 중 하나이다. 좋은 제품을 사용하더라도 자주 부족함 없이 발라야 한다. 그러나 실천하지 않는 게 항상 문제이다. 실천하기 위해서는 자신을 믿지 말고 환경을 조성하자. 손이 닿는 곳을 생각하고 계획해서 여기저기에 둔다. 그리고 생각나고 보일 때마다 바른다. 양치질하면서 스쿼트 하기, TV 볼 땐 스트레칭, 이런 식의 규칙을 정해두는 것처럼 말이다. 작은 부분인데도 부지런을 떨어야 가꿀 수 있는 몇 가지만 꼼꼼히 챙겨도 미미함에서 오는 행복을 얻는다.

외출할 때 풀 립스틱을 바르고 6070 물결 파마머리 일명 미스코리아 사자머리를 해본 적이 한 번도 없지만 언젠가는 꼭 한번은 해보고 싶은 스타일링 중 하나다. 우리는 바쁜 일상 속에서 여러 가지 이유로 내가 하고 싶은 것을 제대로 하고 살아가기가 생각만큼 쉽지 않은 삶을 살고 있다. 스스로를 위해서 색다른 나를 만나는 시간을 가져보는 것이야말로 경험적 미학을 제대로 느끼는 시간이 아닐까 한다. 세수하기 전에 마음껏 해보는 다양하고 컬러풀한 화장에서 나에게 맞는 메이크업 스타일과 적당한 화장의 농도를 찾을 수 있는 것처럼 옷 입기도 다양한 스타일링을 시도해보고 경험해봐야 나에게 잘 어울리는 스타일링을 알 수가 있고 적당한 아이템과 함께 완벽에 가까운 어울림의 조합을 찾을 수 있다. 어울림의 조합은 단

번에 찾아지는 것이 아니다. 성공하기 위한 가장 확실한 방법은 한 번 더 시도해보는 것이라 했다. 한 번 더가 아니라 매일매일 다양하게 여러 번 시도해보고 입어볼수록 매번 색다른 나를 만나는 성공 확률이 높아진다. 이전과 다른 아름다움은 이전과 다른 시도의 산물이다. 오늘, 어제와 다른 아름다움을 추구하고 싶은가, 어제와 다르게 색다르게 도전해보라.

경험적 미학을 추구하면서부터 나는 여태까지 살아오면서 나의 틀에 박힌 주홍글씨 같은 정확한 나의 감성과 취향 때문에 한 번도 해보지 않은 조합이나 연출을 하나씩 경험해보기로 마음먹었다. 가보고 싶었던 곳, 해보고 싶었던 일도 마찬가지로 조금은 느린 도장깨기를 시작했다. 무엇이든 하루아침에 큰 변화를 시도하기는 쉬운 일이 아니고, 나의 옷장을 열어둔 채 옷을 골라 입으면서 스타일링을 완전히 달리한다는 것은 더 고난위도 작업이다. 20년 가까이 나의 의지로 무언가를 잘 구매해왔다면 내가 열어둔 옷장이 나의 취향이고 나의 모습이다. 그 안에서 내가 마르고 닳도록 교복처럼 즐겨 입는 옷, 예뻐서 샀는데 이상하게 손이 안 가는 가방, 구두, 한두 번 하고 장롱템이 된 무엇들을 살펴볼 필요가 있겠다. 색다른 조합이 의외로 색다른 아름다움을 창조하는 색다른 시도가 될 수 있다. 하던 방식 대로에서 벗어나 처음으로 시도하는 설레는 두려움과 적당한 긴장감 속에서 발견하는 색다른 아름다움은 살아가면서 느끼는 가장 소중한 행복감의 원천이다.

나는 몇 해 전부터 옷장에 싫증을 느껴서 이런 것도 한번 해보자 하고 데리고 온 아이들이 하나둘씩 늘어나고 있다. 그중에는 한 해가 넘도록 기회만 엿보는 아이들도 있지만 색다름을 경험하고 나면 정말 잘 샀다고 생각하는 효자템도 늘어나고 있다. 새로운 스타일링을 시도하기조차

도 막막하다면 얼굴에서 되도록 멀리, 그리고 면적이 크지 않은 부분에서
부터 시작해보자. 큰 힘을 들이지 않고도 변화를 줄 수가 있고 실패의 부
담도 적다. 나는 색다른 나를 경험하는 방법의 하나로 여태까지 한 번도 해
보지 않은 관심 밖의 네일 컬러를 선택했다. 나이가 들어서이기도 하겠지
만 빨간색 매니큐어 컬러가 크게 부담스럽지 않고 초콜릿 컬러도 아주 매
력 있는 컬러라는 것을 경험하면서 또 다른 조화로움을 찾아가는 행복을
느끼고 있다.

"한 번도 해보지 않은 일을 성취하기 위해서는 한 번도 되어 본 적
없는 사람이 되어야 한다."

레스 브라운의 말이다. 무의식적으로 입는 옷 입기의 고정된 틀과
스타일링을 벗어나지 않는 한 경험적 미학을 제대로 향유할 수 있는 가능
성은 희박해진다. 한 번도 해보지 않은 것을 해보는 것, 색다른 나를 만나
는 경험으로 발생하는 신선한 행복이 여러분에게도 전해지기를.

우아,
사람의 품격을 드높이는

Le Major Davel
(fragment)

1951
Huile sur toile
Collection privée, réservée aux Ranges
Communauté de l'État de Vaud, 1951

〈22 Taste‐Scale Method〉의 감성 영역에서 가장 많은 부분을 차지하는 테이스트가 엘레강스elegance이다. 정적이고 부드러운 여성적인 이미지의 소프트 엘레강스soft elegance, 화려한 성숙미와 판타스틱한 우아한 품격의 엘레강스 고저스elegance gorgeous. 고요하고 지적인 절제된 우아함의 극치 엘레강스elegance, 이 세 가지의 우아함을 연구하고 경험하면서 나는 우아함이 가진 매력과 우아함으로 일컬어지는 것들에 대한 새로운 각성이 일어났다.

우아와 품격의 기술

나는 소프트 엘레강스이다. 우아하고 소프트한 감성을 지녔고, 우아한 컬러와 부드러운 소재, 오발형의 곡선 실루엣이 잘 어울리는 유형이다. 〈22 Taste‐Scale Method〉로 나의 감성을 알기 이전에도 우아하다는 말을 많이 들어왔다. 심지어 탱고를 출 때 예뻐 보이게 춘다는 말도 들었다. 난 예뻐 보이게 춘 적이 없는데 말이다. 우아한 춤을 우아한 사람이 추니까 더 예뻐 보이는 게 아니었을까. 우아함은 인위적으로 만들어지는 것이 아니다. 일부러 고상을 떨고 기품이 있는 척을 한다고 아름답지 않으니 말이다.

　　2021년, 〈우아와 품격의 기술〉이라는, 아름답게 나이 듦을 위한 새로운 프로젝트를 기획했었다. 숨 고를 시간 없이 바쁘게만 살아온 나. 어느덧 중년에 접어든 나. 보살핌이 필요한 나. 그런 나를 바르게 마주하고 패션과 트렌드에 대한 올바른 이해와 감각적 체험을 통해 셀프 퍼스널 브랜딩을 시도해보자는 취지였다. 단순한 패션 스타일링이 아닌 자신을 잘 돌아보고 가꾸어 나가는 시간으로 나만의 아름다움을 찾아가는 과정을 함께한다는 것이 의미가 크다. 리즈 시절에 머물러 있거나 무언가는 하고 싶은데 무얼 어떻게 해야 할지 모르겠다는 사람들을 위한 나만의 스타일을 다시 찾고 배워보고자 함이다. 앞만 보고 달려왔던, 또는 지금 달려가는 사람들에게 잠시 멈춤의 시간을 통해 나는 누구인지, 내가 추구하는 삶의 의미는 무엇인지를 성찰할 시간을 갖고자 했다. 이를 통해 가장 나답게 자기다움을 드러내는 우아한 아름다움을 창조하려면 어떻게 살아야 하는지, 우아함을 통해 격이 다른 품격을 드높이기 위해서 내가 해야 할 일이 무엇인지를 진지하게 탐색하는 시간을 가지려고 마련한 기획이었다.

　　내가 원하든 원하지 않든 의지와 무관하게 시간은 멈춤 없이 내달리고 우리는 시간과 함께 늙어간다. 세월의 흐름 속에서 나타나는 모든 변화와 흔적 같은 주름은 내 의지와 무관한 것이 더 많다. 흐르는 시간 속에 나를 내던져두거나 세월의 흔적을 아무런 보살핌과 가꿈 없이 내버려 두기에는 나의 몸과 마음은 너무나도 소중한 존재이다. 최고로 행복한 순간은 지금 여기서 최고로 행복한 일을 할 때 내 몸이 직접 겪어보는 경험이다. 인간의 힘으로는 저항할 수 없는 불가항력의 시간 앞에서 우리가 할 수 있는 가장 최선의 자기 보살핌은 우아하게 나이 들어가는 것이다. 엄밀히

타인의 정서에 다가가보기

말하면 우아와 품격은 기술 차원을 넘어 예술의 경지에 이를 때 비로소 가능하다. 하지만 예술도 기술을 알아야 도달 가능하다고 판단했다. 예술적 경지에 이르기 위해서는 거기에 이르는 기본과 근본이 무엇이고, 내가 갖추어야 할 기술적 능력이 정확히 무엇인지를 알아야 하기 때문이다. 기술 없는 예술은 하나의 술책으로 끝날 수도 있기 때문이다.

〈우아와 품격의 기술〉 프로젝트는 코로나 펜데믹으로 인하여 유보됐다. 경제적 위기를 겪을 때 사람들이 가장 먼저 단절하는 것이 문화생활이다. 이 난국에 먹고 살기도 힘든데 무슨 우아하게 나이 들어가기 타령이냐는 눈총을 받을까 봐 이 프로젝트는 아직도 노트북 안에 고이 들어앉아 있다. 하지만 내 안에서는 여전히 시간을 거슬러 꿈틀거리고 있는 프로젝트이다. 모든 사람이 죽기 전에, 아니 살아 있는 동안 반드시 습득하고 체화시켜 행복한 삶을 영위하는 데 반드시 다루어져야 할 주제라고 생각한다. 먹고 사는 게 먼저지만 평생 가꾸고 다듬어가면서 살아가는 동안 점점 더 소중해지고, 사랑해야 할 것이 바로 '우아하게 나이 들어가는 나'이다.

김형석 교수는 중앙일보 칼럼, 「100년 산책」에서 새 출발을 다짐하면서 '아름다운 늙은이'로 마무리하자는 소원을 갖게 되었다고 한다. 그냥 하루 하루 꾸역꾸역 살아가는 게 아니라 삶 자체를 우아하고 품격있는 삶을 살고 싶은 꿈이다. 그러기 위해서는 남에게 보이는 외모부터 바꿔야겠다고 생각했다. 일종의 몸단장인 셈이다. 70~80대의 후배 교수들이 늘 하는 말을 들었다. 다름 아닌 "나야 늙었는데"라고 무의식중에 내뱉는 말이다. 그러면서 허름하거나 초라한 복장으로 외출하는 모습을 보았을 때 나는 저렇게 하고 다니지 말아야겠다고 생각했다. 김형석 교수에 따르면 "옷도 하나의 예술품"이다. 예술품이 무조건 화려하거나 고급스럽지 않듯이 옷도 자기 몸에 맞게 입으면 누구의 작품과도 비교할 수 없는 나만의 품격을 조화롭게 드러낼 수 있다고 생각했다. 옷 입기도 습관이다. '나 편하면 그뿐이지'라는 생각으로 습관적으로 입고 다니면 나를 나답게 드러낼 수 있는 옷 입기는 평생 불가능하다. 옷 입기를 통해서 나를 예술작품으로 표현하기 위해서는 모임에 나갈 때나 강연장에 갈 때는 신사다운 품격을 갖추기로 결심했다.

옷 입기를 통해 몸단장을 바꾸고 난 후 또 다른 숙제는 얼굴과 자세의 미화다. 태생적인 대머리가 늘 얼굴 모습을 좌지우지 하기 때문에 고민이 이만저만이 아니었다. 가발을 쓸까도 생각했지만 너무 부자연스러운 것 같은 판단이 들었다. 김형석 교수의 평소 신념은 "자연스럽지 못한 것은 아름다움이 못 된다"는 철학이다. 또 다른 고민은 백발의 머리였다. 그런데 어느 순간부터 머리는 더 이상 백발로 변하지 않고 어느 정도 까만 머리를 유지하는 놀라움이 발생했다. 남자들의 공통적인 고민은 머리가 더 이상 빠지지 않고 백발 상태도 더 이상 진전되지 않았으면 좋겠다는 바람이다. 세월의 흔적, 주름도 피할 수 없다. 주름살을 가리는 화장품을 90대 후반부터 쓰기 시작하면서 이마와 두 뺨은 그대로 유지되는데 입 언저리 주변 주름살은 막을 수 없다고 했다. 어쩔 수 없는 나이듦의 괴로움을 노년의 즐거운 숙제로 받아들이기로 했다. 김형석 교수의 최대 고민과 숙제는 아름다운 늙음이다. 이를 위해서 아름다운 감정과 정서적 건강의 소중함을 깨닫는 일이다. 세월의 흔적이 쌓이는 몸의 늙어감은 어쩔 수 없지만 생각과 감정은 자신의 노력 여하에 따라 얼마든지 미화시킬 수 있다. 김형석 교수는 "옷이나 얼굴보다 몇 배나 힘든 정신적 작업"이라고 말한다.

아무것도 아니라고 생각했던 무언가가 소중한 존재로 거듭난다
우연한 마주침

사람은 저마다의 분야에서 우아한 아름다움을 창조하고 그걸 내 것으로 만들어야 할 의무와 권리가 있다고 생각한다. 의무 이행을 포기하거나 권리를 주장하지 않으면 자신의 삶에 대해 스스로 범법 행위를 하는 것이나 다름없다. 아름다움의 궁극적 종착역, 우아함으로 창조되는 품격의 예술을 기대해본다.

조용한 카리스마

첼로계의 거장, 음유시인이라고 불리는 미샤 마이스키 연주회에 초대를 받았다. 그의 딸 릴리 마이스키와의 듀오 연주회로 명품 브랜드에서 마련한 자리로 20커플 정도만 초대되었다. 브랜드에서 초대를 받으면 대부분의 사람이 그 브랜드의 옷을 입고 참석하는데 그 시즌의 옷들만 주로 입다 보니 같은 구두, 같은 옷이 눈에 많이 띄었다. 딱히 바람직하다 바람직하지 않다의 문제는 아니지만 아주 보기 좋은 그림도 아니다. 하필 그 시즌의 의상들이 프라이빗 연주회를 빛내줄 우아한 스타일과 거리가 멀었던 것도 문제였다. 동반인으로 참석한 남자들은 더워진 날씨 때문인지 거의 셔츠차림이었다. 한 커플씩 도착하는 가운데 조금 늦게 도착한 중년 부부에게 시선이 멈췄다. 단아한 빨간색 원피스를 입고 머리 손질까지 곱게 한 여자와 캐주얼 슈트 차림에 보우타이를 한 남자는 머리끝부터 발끝까지 브랜드로 칠갑하고 한껏 멋을 낸 그 누구보다 멋져 보였다. 가장 우아한 커플로 오늘의 베스트 드레서였다.

살롱 문화를 접하지 않고 자란 세대들에게는 '개념 하객룩'처럼 프라이빗 연주회 참석 복장에 대한 기준은 모호할 수밖에 없다. 개인의 개성을 중요시하고 트렌드에 민감하게 반응하다 TPO에 맞는 스타일링으로 그 어떤 우아함을 찾을 길을 잃어버렸다. 참석한 모든 커플의 복장은 저마다의 개성을 자랑하고 있지만 마이스키 부녀에게는 그날의 연주 무드와 공간이 주는 감각적 스타일에 부합되는지 의문이 남을 것이다. 브랜드에서는 고객의 편의를 위해 드레스 코드를 정하지 않은 느낌이 들었다. 하지만 연주자의 땀방울이 보이고 송진 가루 떨어지는 소리까지 들리는 작은 홀에서 만나는 관객들의 복장은 왠지 음악적 선율이 주는 아름다움과는 어울리지 않는 느낌이 드는 이유는 무엇일까. 비록 특정 브랜드 고객으로 초대를 받았으나 그날의 주인공은 초대했던 브랜드 자체가 아니다. 그날의 주인공은 브랜드의 아름다움을 돋보이게 만들기 위해 연주를 하는 아티스트와 연주를 감상하는 관객이다.

비록 작은 규모의 공연이었지만 이날 내가 받은 느낌은 언어로 표현하기 어려울 정도로 우아함의 극치였다. 딸과 함께 연주하는 마이스키의 모습에서 경지에 이른 위대한 뮤지션의 우아함을 실감했던 한 편의 작은 드라마 같았다. 작은 손짓과 표정 하나도 따로 움직이지 않고 파노라마처럼 이어지는 감동은 심장을 세차게 박동하게 했지만, 연주공간에 울려 퍼지는 침묵의 선율에 방해가 되지 않기 위해 숨쉬는 것마저도 힘들었다. 조용한 카리스마로 휘감은 듯 온몸으로 연주되는 첼로는 더 이상 하나의 악기가 아니었다. 그야말로 첼로가 마이스키의 몸을 파고 들어가 내면에 잠자는 음악적 본능을 예능으로 창작해 토해내며 침묵 속으로 스며들다 울려 퍼지는 경이로운 감동이 아닐 수 없었다.

우아함은 기교나 재치로 얻어지는 졸속한 완벽함이 아니라 오랫동

안 몸에 밴 습관으로 자연스럽게 몸에서 흘러나오는 매끄러운 움직임이자 조용한 카리스마다. 우아한 사람은 일찍부터 산만하고 정리되지 않는 어투를 바로잡고 어떤 상황에서도 쉽게 무너지지 않는 몸동작을 체계적으로 그리고 반복해서 배우고 단련하는 노력을 멈추지 않은 사람이다. 우아함은 단기간에 교육을 통해 습득할 수 있는 기술적 능력이 아니다. 오히려 우아함은 다양한 경험과 직관적 깨달음이 축적되면 어느 순간 존재 자체만으로 대중을 압도하는 예술적 본능이다. 나아가 우아함은 매혹적 관능미가 담긴 모든 움직임에서 나도 눈치채지 못하는 사이에 할 말을 잃게 만드는 거부할 수 없는 아름다움이다. 우아함은 타고난 기질과 재능에서 비롯되는 경우가 많지만 스스로 끊임없이 노력하지 않으면 그 순간부터 우아함은 천박함으로 순식간에 전락할 수 있다. 우아한 사람이 긴장의 끈을 놓지 않고 매사에 신중하게 생각하고 행동하면서도 결정적인 순간에 몸을 날려 자기 신념과 철학을 남김없이 드러내는 이유다.

『우아함의 기술』(사라 카우프먼 지음, 노상미 옮김, 뮤진트리, 2017)을 쓴 사라 카우프먼은 우아함을 다음과 같이 해석한다.

"우아함은 잘 조정된 매끄러운 움직임 혹은 겸손하고 관대한 태도로 표현될 수 있다. 이 둘은 대개 연관되어 있다. 우리는 움직임이 좋은 사람과 함께 있고 싶어 한다. 그들의 편안함은 느긋하고 자신감 있는 태도에서 나오는데, 우리는 바로 그런 점에 끌린다. 기교나 연습으로 얻어진 완벽함이 아니라, 신체의 매끄러운 움직임이 그 사람의 본성에 관해 말해주는 어떤 것에 이끌리는 것이다. 우아함은 외모나 세련미와는 아무 상관이 없으며, 전적으로 연민과 용기의 문제다."

우아함은 사전에 정해진 절대적인 우아함을 따라가기 위해 의도적으로 배우는 기교나 기술의 문제가 아니다. 오히려 우아함은 그 사람의 본성이나 자기 정체성이 자신도 모르게 외부로 드러내는 그 사람 고유의 자세와 태도에서 비롯된 아름다운 미덕이다.

TPO마다 미루어 짐작할 수 있는 특유의 분위기를 이해하고 그에 맞는 예절을 지켜야 하는 것처럼 말이다. 꼭 잘 차려입고 보우타이를 해야만 하는 것은 아니다. 하지만 그 자리와 공간에 대한 최소한의 예의를 갖춘 복장을 더한다면 시공간의 존재 이유에 진심을 더 할 수 있고, 모두에게 감사함이 전해진다. 이어지는 사라 카우프먼의 우아함에 대한 주장은 우리가 잘못 알고 있는 우아함의 고유한 특성을 제대로 해명해주고 있다.

"우아함이란 자제심에서 나오는 편안함의 문제다. 그것은 자신의 반응, 욕구, 관심을 다스리는 것이고, 매끄러운 상호작용과 유쾌한 분위기를 조성하기 위해 다른 사람들에게 초점을 맞추는 것이다. 하지만 우리 대다수의 사람들은 자연스럽게 자제심을 발휘하지 못한다. 그것은 연습이 필요하고, 믿을 만한 어른이 한결같이 온화하게 상기시켜줘야 하고, 일상에서 풍부한 사례를 봐야 하는 기술이다."

결국 우아함의 본질은 우아하다고 생각되는 사람의 스타일을 그대로 흉내 낸다고 완성되는 게 아니다. 오히려 우아함은 자기 스타일을 가장 아름답게 드러내기만 하면 누구나 우아해질 수 있는 가능성을 잠재적으로 갖고 있음을 인정할 때 비로소 드러나는 가장 아름다운 무기다. 이럴 때 드러나는 우아함은 범접할 수 없는 아우라가 솟아나며 좌중을 압도하는 조용하면서도 강력한 카리스마로 빛을 발한다.

아름다움의 아우라

어떤 것이 우아함인지 한마디로 밝힐 수 없지만 우아한 사람을 보면 우아함이 자연스럽게 느껴진다. 그 이유는 무엇일까? 우아함은 이런 것이라고 단언하기 어려울 뿐만 아니라 어떤 한 가지 아름다움이 우아함을 판가름하는 결정적인 변수라고 말할 수도 없다. 구체적으로 무엇이라고 말할 수 없지만 수많은 감각적 자극과 각성이 그 사람 특유의 컬러나 스타일과 융합되어 감각적 이미지로 드러날 때 우아함은 비로소 얼굴을 드러내고 본색을 보인다.

우아함은 기술적으로 만들어낼 수 없는 종합 예술이다. 지금까지 옷 입기를 통해서 강조한 모든 요소들이 하나의 습관처럼 몸에 배면서 무의식적으로 흘러나오는 감각적 자극이 바로 우아한 아름다움이다. 우아한 아름다움을 많이 경험한 사람은 그만큼 우아한 아름다움이 주는 자극에 노출된 경험이 많은 사람이다. 사람은 경험을 능가하는 각성을 느낄 수 없다. 우아한 삶에 직접 노출되어 내 몸이 겪어보지 않으면 우아한 아름다움은 추상적이거나 관념적인 아름다움일 수밖에 없다. 안목이 없으면 발목을 잡는다. 우아한 안목이 없는 사람에게 우아하게 보이는 사람은 그냥 사치스러운 화려함으로 비춰질 수 있는 이유다. 우아함을 우아함으로 받아들이는 안목과 혜안은 우아함을 몸으로 겪어보고 감각적으로 느껴본 사람만이 누릴 수 있는 자유로운 아름다움이다.

"우아함이 없는 아름다움은 미끼 없는 낚싯바늘이다."

랠프 왈도 에머슨의 말이다. 우리가 힘입기가 되는 옷 입기를 통해 이루고 싶은 꿈 중의 하나는 우아한 사람이 되어서 우아한 삶을 살아가는

데 있다. 우아함은 평범한 인간이 보여줄 수 있는 최고의 아름다움이자 한 사람의 진면목을 판단할 수 있는 최고의 심미적 가치다. 누군가 세심하게 준비한 까탈스러움과 완벽함으로 우아함을 뽐내려고 안간힘을 쓰지만, 전혀 우아하게 보이지 않은 이유는 무엇일까? 우아함은 어떤 기교로 얻어지는 외현적 아름다움이 아니라 신체와 영혼이 한 몸이 되어 물 흐르듯 흘러갈 때 자연스럽게 드러나는 단순함과 편안함의 극치이기 때문이다. 우아함은 한 마디로 온기 품은 아름다움이자 자기도 모르게 빠져들 수밖에 없는 치명적 매력이다. 우아함은 자신이 뽐낸다고 드러나는 형식미가 아니라 뽐내지 않아도 자연스럽게 하지만 숨이 멎을 정도로 강력한 아우라를 내뿜으며 다가오는 소리 없는 아우성이다. 소리 없이 다가오는 우아함이지만 소리를 지를 정도로 전율하는 감각적 자극으로 온몸을 휘감는 결정적 한 방이다.

우아함은 성급한 발 빠름보다 느긋한 여유로움과 너그러움에서 나온다. 우아한 사람은 뭔가에 쫓기듯 한 표정이나 행동을 짓지 않는다. 그는 어떤 상황에서도 자기 본분을 잃지 않고 느긋한 여유로움 속에서 상대를 편안하게 만드는 너그러움이 있다. 상대가 비록 실수했어도 질끈 눈을 감고 그 난처함을 덮어주는 노련미, 우아한 사람의 여유이다. 우아한 사람을 만나면 저절로 고개가 숙어지고 경이로운 감탄사를 연발하며 시선이 머무는 이유다. 우아한 사람은 위태로운 결정적인 순간에도 중심을 잃지 않고 상대를 배려하는 인간적 미덕을 잃지 않으며 딜레마 상황에서도 상대를 당황하지 않고 편안한 마음으로 노련하게 안정시켜 준다. 진정한 우아함은 나를 위한 가장이나 위장 또는 과시보다 타인을 위한 배려와 친절함에서 탄생된다. 특히 어쩔 수 없는 상황에서도 당황하지 않고 상대의 불편함

우아함은 자기 자리에서 저마다의 고유한 개성이 드러나는
최고의 아름다움이다

이나 아픔을 먼저 생각하고 조건 없이 베푸는 친절함에서 우아한 사람은 매력을 넘어 존경심을 자아내게 한다.

자신도 모르게 공감되는 영감

우아함은 단도직입적으로 다가오는 찰나적 아름다움이 아니라 보고 또 봐도 호기심을 자극하며 궁금증을 자아내는 신비감이다. 우아함은 한 눈에 반하지만, 한순간에 뭐라고 단언하거나 판단할 수 없는 신비한 마력으로 사람을 순간 아찔하게 만든다. 이런 우아함은 누구에게나 통용되는 아름다움이라기보다 자기만의 특이한 스타일에서 나온다. 우아함은 갑자기 드러내려는 즉흥 연기나 찰나의 몸부림이 아니라 오랫동안 숙련되고 단련되어야 은근하게 지속되는 보이지 않는 아우라다. 우아함에 압도당하는 이유는 강렬한 감각적 자극이 전율케 하는 감동으로 다가오지만 그것이 무엇 때문인지 알 수 없는 신비감이 온몸을 휘감기 때문이다. 우아함은 절대로 사치스럽지 않고 과장된 제스처나 자기 과시에서는 보이지 않는다. 오히려 우아함은 지극히 겸손하고 가식 없는 솔직함, 상대에 대한 철저한 배려와 아낌의 정신에서 우러난다.

그런 우아함은 절제미로 이어진다. 부족하지도 넘치지도 않는, 정도를 과분하게 넘어서지 않고 알맞은 가운데 느껴지는 아름다움이다. 우아한 아름다움은 '정제'와 '절제'로 더 감동적인 행복감을 선사한다. 불순물을 없애 더 순수하게 한 군더더기 없는 '정제'와 정도에 넘지 않도록 알맞게 조절하는 '절제'는 옷 입기뿐만 아니라 모든 인간 행위에 있어 필수적인 덕목이다. 화려함을 그대로 노출하는 것보다 절제하는 것이 역설적으로 감정을 더 고조시켜 감동적인 아름다움을 선사하는 이유가 있다.

지나친 화려함과 비교했을 때 정도를 넘지 않는 순수한 소박함이 오히려 더 우아하고 고풍스러운 느낌을 자아냄으로써 더 치명적으로 영향력을 행사하기 때문이다. 절제는 더 입거나 기존 스타일에 뭔가를 더 추가하고 욕망을 참으려는 자제에 가깝다. 반면에 정제는 이미 입은 옷에서 약간의 스타일링을 바꾸기 위해 군더더기를 제거하려는 노력에 가깝다. 군더더기 없는 정제나 지나치지 않은 절제의 옷 입기는 누군가의 간섭이나 터치로 이루어지지 않는다. 오히려 정제나 절제를 통한 조화로운 아름다움은 내가 다각적인 방식으로 옷 입기를 시도하면서 내 몸이 느끼는 감각적 각성이 알려주는 지침을 따라갈 때 비로소 완성되는 아름다움이다. 누군가 만들어놓은 옷 입기 매뉴얼이나 사전 지침에 따라 처방받은 옷 입기는 정제나 절제미를 완성해낼 수 없다. 어떤 부분을 정제할 것이며, 무엇을 더 절제할 것인지의 판단기준은 내면의 욕망과 나다움이 추구하는 스타일이 자신도 모르게 만나는 접점에서 부각된다. 그것이 자신도 모르게 몸으로 느껴지는 습관으로 이어질 때 비로소 정제와 절제미를 통한 까다로운 아름다움이 체화되고, 곧 우아함의 향기가 난다.

"인생은 자전거를 타는 것과 같다. 균형을 잃지 않으려면 계속 움직여야 한다."는 말은 아인슈타인이 남긴 인생 명언이다. 옷 입기도 마찬가지다. "옷 입기는 자전거를 타는 것과 같다. 우아함을 잃지 않으려면 계속 입어봐야 한다."

옷 입기를 통한 우아함은 다양한 옷을 입어보면서 순간순간 몸이 깨닫는 감각적 각성을 기억하면서 자기 특유의 스타일을 추구하는 과정에

서 자연스럽게 드러난다. 우아함은 관념적인 이상이나 이념이라기보다 매 순간 움직임이 낳는 매끄러운 리듬이자 운율이다. 이런 점에서 우아함은 화려한 아이디어나 아름다운 생각만으로 완성되지 않는다. 오히려 우아함은 감각적 자극을 일깨우는 매끄러운 움직임이다. 가만히 앉아 있어도 그 사람 특유의 스타일이 바람을 타고 날아드는 거부할 수 없는 매력이다. 우아함은 우아함을 받아들일 수밖에 없는 감각적 지각 능력을 갖추고 있는 사람에게만 자신도 모르는 사이에 공감되는 영감이다. 우아함을 목격하는 순간 우아함의 상징적 이미지는 물론 우아함을 구성하는 모든 구성 요소들이 절묘한 조화를 이룬다. 마치 신체의 모든 근육이 오케스트라 합주에 맞춰 아름다운 선율을 만들어내듯 섬세한 움직임의 향연을 펼친다.

차마 눈뜨고 볼 수 없는 관능미

독일의 낭만주의 시인, 노발리스에 따르면 인간의 몸은 하나뿐인 성전과 같다. 우아함은 침묵과 어둠 속에서도 장벽을 뚫고 나오는 은은한 광선이자 멀리서도 쏜살같이 달려드는 놓칠 수 없는 매혹적인 시선이다. 우아함은 차마 눈 뜨고 볼 수 없는 관능미이자 어떤 말로도 형언할 수 없어서 말문을 막아버리는 돌이킬 수 없는 전율하는 감동이다. 우아함은 머리로 이해되기보다 가슴으로 느껴진다.

『우아함의 기술』을 보면, "우아함은 가슴으로 가는 길을 예비한다." 는 말이 나온다. 우아함은 우아함을 만들어내는 요소들을 분석하고 분해한다고 해명되지 않는 총체적 아름다움의 결정판이다. 가슴으로 느끼는

감각은 머리로 지각하는 일보다 항상 먼저 신체적으로 감지된다. 우아함은 논리적 분석 대상이 아니라 감각적 깨우침으로 감지되는 낯선 마주침이다. 우아함은 갑자기 나에게 달려오는 낯선 자극의 불법침입이지만 시간이 지나면서 순식간에 나를 전율케 하는 예측불허의 낯선 충격이다. 낯선 충격으로 다가오는 우아함은 진정한 아름다움의 진수를 보여주는 순간적인 향연이자 느낄 수 있는 사람만 진하게 느끼는 감각의 축제다.

책에서는 우아한 옷 입기는 그 자체가 하나의 "살아 있는 예술작품이고 움직이는 시"라고 말하고 있다. 예술작품이 작가적 상상력과 체험적 각성이 저마다의 방식으로 반영되듯이 옷 입기 역시 자기 특유의 고유한 정체성과 스타일을 드러내는 저마다의 방식이 있다. 이런 점에서 옷 입기 역시 누가 언제 어떤 상황에서 어떤 스타일로 자기 정체성을 드러내는지에 따라 오로지 그 사람만이 드러낼 수 있는 예술작품이다. 시인이 세상을 바라보는 특이한 관점이 있듯이 옷 입기 역시 옷을 입는 사람의 고유한 개성이 고스란히 반영된다. 시인은 틀에 박힌 언어사용 문법을 파괴하고 세상을 이전과 다르게 바라보면서 틀에 박힌 익숙한 세상을 색다르게 관점으로 재해석하려고 안간힘을 쓴다. 움직이는 시로서 옷 입기는 관성을 파괴하고 자기만의 개성으로 옷 입기를 어제와 다르게 끊임없이 시도함으로써 어제와 다른 나로 재탄생하기 때문이다. 우아함은 단기간에 교육을 통해 습득할 수 있는 기술적 능력이 아니다. 다양한 경험과 직관적 깨달음이 축적되면 어느 순간 존재 자체만으로 좌중을 압도하는 예술적 본능인 것이다. 또한 매혹적 관능미가 모든 움직임에서 소리소문없이 할 말을 잃게 만드는 치명적 아름다움이다.

우아함은 하루아침에 일어나는 순간적 자극이지만 체화된 습관 없이 발현되지 않는 궁극의 아름다움이다. 인생을 좀 더 우아하고 아름답게 살아내기 위해서는 꾸준한 연습과 노력이 절대적으로 필요하다. 내가 살아온 그리고 앞으로 살아갈 나의 삶이 곧 우아함으로 거듭나기 위해서는 이전과 다른 노력과 습관으로 만들어보려는 안간힘이 필요하다. 자연의 모든 꽃이 저마다의 아름다움으로 우아한 자태를 드러내듯, 세상의 모든 사람 역시 그러하다. 더나아가 그 사람 특유의 품격을 드높이는 문은 얼마든지 열려있다. 자신이 살아가면서 만들어가는 삶의 서사만큼 옷 입기도 자기 몸에 어울리는 아름다운 이야깃거리를 만들어갈 수 있다. 사람의 삶이 모두 다르듯, 그 삶을 드러내고 자기답게 살아가는 과정에 가장 잘 어울리는 옷 입기 역시 삶의 서사를 고스란히 드러냄으로써 누구도 범접할 수 없는 우아한 아름다움을 멋지게 창조해낼 수 있다. 당신 특유의 우아한 아름다움을 창조하는 예술적 여정에 박수를 보낸다.

아름다움의 궁극적 종착역, 우아

우아함은 단도직입적으로 다가오는 찰나적 아름다움이 아니라 보고 또 봐도 호기심을 자극하며 궁금증을 자아내는 신비감이다. 우아함은 한 눈에 반하지만, 한순간에 뭐라고 단언하거나 판단할 수 없는 신비한 마력으로 사람을 순간적으로 아찔하게 만든다. 이런 우아함은 누구에게나 통용되는 아름다움은 아니지만, 각자가 있어야 할 자리에서 최선을 다할 때 온몸으로 표출되는 아우라다. 갑자기 드러내려는 즉흥 연기나 찰나의 몸부림이 아니라 오랫동안 숙련되고 단련해야 자기도 모르게 표출되는 은은함이 은근하게 지속되는 보이지 않는 아우라다. 우아함에 압도당하는 이유는 강렬한 감각적 자극이 무엇 때문인지 알 수 없기 때문이다. 우아함은 절대로 사치스럽지 않고 과장되지 않는다. 오히려 지극히 겸손하고 가식 없는 솔직함, 상대에 대한 철저한 배려와 아낌의 정신이 깃들어 있다.

뷰티 관련 인기 유튜버 회사원 A 덕분에 20~30대의 컨설팅 고객이 많아졌다. 이 자리를 빌려 다시 한번 감사의 인사를 전한다. 유튜브를 보고 오시는 고객님들 얘기를 들으면 유튜브의 알고리즘에 대한 궁금증이 더 증폭하지만, 그 누구도 알 길이 없다고 하니 궁금해하는 것도 이제 그만 할 생각이다. 한번은 회사 문을 열어드리면서 빠르게 작동하는 감각회로가 잠시 멈춘 적이 있다. 스칼렛 레드 슈트를 입고 빨간 가방을 들고 하얀색 운동화를 신고 온 고객님 때문이다. 한 번 더 놀란 것은 그녀의 직업이다. 일명 '사'자가 달리는 전문직 여성으로 하느님이 불공평하다는 생각이 들 정도로 키도 크고 미모도 뛰어났다. 전문직에 종사하는 사람이 빨간색, 그것도 아주 밝은 웜톤의 스칼렛 컬러의 슈트를 입으면 안 되는 것은 아니지만, 극히 드문 일이라는 것에는 그 어느 누구도 반기를 들지 못한다. 감성 앙케트에서는 무조건 빨간색만을 선호하는 취향을 보였다. 분명 사연이 있어 보였지만 원데이 트라이얼 컨설팅에는 컬러 심리 부분은 해당사항이 없는 관계로 스타일링에 집중할 수밖에 없었다.

"일을 잘 못 하는 전문 직종처럼 보이지 않을까요?"

그녀의 스타일을 찾아주기 위해 내가 제시한 솔루션을 듣고 그녀가 한 말이다. 오히려 자신에게 잘 어울리게 자신을 가꾸는 사람이 일도 잘 해 보이지 않을까? "지금 입고 있는 레드는 오히려 신뢰감 형성에 도움이 되지 않아 보입니다"라는 말이 내 입안에서만 맴돌았다. 아이템별로 구체

적인 스타일링과 어울리는 브랜드까지 설명해주니 "그렇게 입었던 적이 딱 한 번 있었는데, 그날 만난 사람이 내가 옷을 되게 잘 입는 줄 알더라."라고 하면서도 더 깊숙히 받아들이지 않았고 그럴 기색도 없어 보였다. 좀처럼 쉽게 빗장이 풀리지 않는 것보다 더 안타까운 일은 어떤 한 가지에만 치우친 관심으로 더 나은 나의 모습을 위한 발전적인 생각이나 더 나은 미래를 꿈꾸지 않는다는 점이었다. 컨설팅을 하면서 고객의 감성 스타일에 맞게 다양한 솔루션을 제공하지만, 자신이 믿고 있는 통념이나 고정관념을 깨지 않고 관성대로 살아오면서 자신이 취한 옷 입기를 바꾸려고 하지 않는다. 나의 미래는 내가 꿈꾸고 상상하며 그리워하는 만큼 열리는 법이다. 그런데 자신의 현재 옷 입기 모습을 고수하며 미래 이미지를 그리워하지 않으면 절대로 이미지 변신은 이루어지지 않는다.

우아한 사람은 "나는 우아한 사람이다."라고 말하고 다니지 않아도, 그리고 어느 누가 보아도, 우아함 그 자체가 나의 이미지가 된다. 우아해지고자 하는 사람이 "나는 우아한 사람이다."라고 되뇌며 미래의 우아한 나를 그린다면 현실 불가능한 일은 아니다. 나의 이미지의 변화나 미래의 모습을 위해 대단한 꿈을 꾼다거나 당장에 큰 변화를 추구하자는 것이 아니다. 작은 꿈이어도 좋다. 작은 꿈이 부끄러운 것이 아니다. 오히려 큰 꿈으로 자신을 가꾸고 새로움에 도전하기도 전에 한계선을 긋고 포기하는 게 부끄럽고 안타깝다. 기대만큼 나를 쉽게 망치는 것도 없으며, 너무 큰 꿈을 심어주는 것도 문제이다. 자신이 싫어하는 사람이 있다면 그 사람에게 '예쁘다 예쁘다. 잘한다 잘한다'는 칭찬의 말만 해주라고 한다. 그러면 그 사람은 자신이 진짜 예쁜 줄 알고 잘하고 있는 줄 착각한다. 더 나은 노력 없이 과도한 망상과 몽상에만 젖은 채 현실에 안주하며 꿈도 없고 발전도 없는 삶을 살게 된다. 우리들의 삶에서 최대의 위기는 새로운 도전을 포기하고 현실에 안주하는 순간에 찾아온다. 과거의 틀에 박힌 방식을 반복하면서 지루한 삶을 살기 시작할 때, 심장은 뛰지 않고 감각세포는 굳어가기 시작한다. 고인 물은 썩기 마련이다. 현재의 삶에 만족하지 못하는 가운데 불투명한 미래만 나를 기다릴 것이다.

우리가 꿈을 꿀 때도 어떤 모습을 보거나 이미지로 만난다. 시각적 이미지로 꿈의 느낌을 기억하고 정확한 모습이 아니더라도 색으로 연상하며 느낀다. 꿈에서 향기를 기억하는 일은 극히 드물다. 다양한 감각 중에서도 시각적 이미지가 가장 크다. 우리의 꿈속에서도 무서운 꿈을 꿀 때 귀신은 소복을 입고 나타나고 드라큘라는 검정 옷을 입고 있다. 비전vision이라는 단어도 비전이 이루어질 때의 모습을 시각화visualization할 때 꿈꾸던 비전이 이상에서 현실로 다가온다. 비전을 상상할 때 비전에 관한 다양한 상상력이 이미지로 그려지면 더욱 선명한 꿈을 꾸게 된다. 신영복 교수님도 내가 그리워하는 미래만큼 현실로 다가온다고 하셨다. 자신이 그리는 미래의 이미지가 불분명하거나 그 이미지를 그리워하지 않는데 꿈꾸는 미래가 현실로 다가올 수 있겠는가? 내가 그리워하는 만큼 미래는 현실로 다가온다. 내가 그리워하는 우아한 이미지만큼 미래의 우아한 내가 마중 나올 것이다.

감각적인
삶을 살다

"행복에는 서로 갈 길이 다른 두 종류의 행복이 있다. 첫 번째는 타인과의 경쟁에서 이겨 더 많은 것을 가질수록 느끼게 되는 행복, 즉 소유의 행복이다. 타인과의 경쟁에서 이겨 더 좋은 스펙을 소유해야 하고, 타인과의 경쟁에서 이겨 더 좋은 대학이나 직장을 소유해야 하고, 타인과의 경쟁에서 이겨 더 많은 연봉을 받아야 한다. 우리 삶은 과거 그 어느 때보다 멈출 수 없는 경쟁과 만족할 줄 모르는 소유에 물들어 있다. 소유의 행복은 경쟁에서 이겼을 때의 행복 혹은 희소한 무언가를 가졌을 때 느끼는 행복이다. 한편 다행스럽게도 경쟁이나 소유와는 상관없이, 아니 정확히 말해 경쟁과 소유라는 강박관념을 넘어설 때 느끼는 행복도 있다."

　강신주의 『한공기의 사랑 아낌의 인문학』에서 말하는 행복이다. 인간은 외부에 어떤 것을 자신의 소유로 만들어야 하고 그것을 소유했을 때 비로소 만족하며 그 만족이 행복으로 이어진다고 생각한다. 경쟁과 소유라는 강박관념을 넘어설 때 느끼는 행복의 가치에 대해서는 무관심하다는 표현을 써도 될는지 모르겠다. 우리가 옷을 소유했을 때 느끼는 행복감은 아주 1차원적인 만족이고, 어떤 옷을 어울리게 잘 입기 위한 노력으로 맛보는 달콤함은 느껴본 사람만 누리는 그 이상의 행복이다. 진정한 '소유'는 '향유'로 이어져야 한다. 물건을 사는 순간 욕망은 순간적으로 충족되지만, 시간이 지나면 그저 하나의 소유물에 불과하다.

옷이 나에게 너무 잘 어울려서 '예쁘다', '잘 어울린다', '멋있다'라는 말을 들려줄 때, '소유'를 넘어 '향유'로 이어질 수 있다. 옷에 의미와 가치를 부여하고 그 옷으로 나다움을 드러내는 행복감은 소유의 행복 그 이상이다. 진정한 소유는 입고 느끼는 향유다. 마음껏 누리는 옷 입기가 힘입기인 이유다. 샘솟는 힘이 옷 입기에서 비롯될 때 행복한 충만감으로 몰입하게 만드는 색다른 스타일링의 여행이 시작된다.

삶이 만들어가는 얼룩과 무늬

우연한 기회로 누군가와 첫 만남을 하게 되면 그 사람에 대한 정보에 앞서 뭐라 꼭 집어 말할 수 없는 매력과 이미지가 먼저 다가온다. 냄새로 고향을 떠올린다는 것처럼 사람마다 각기 다른 향기가 나는 것인데 아무런 사전 정보 없이 만나는 사람에게서 더 선명하고 강하게 느낀다. 뭐라고 한마디로 설명할 수 없는 끌리는 매력과 그 사람 앞에 붙여지는 수식어에서 그 사람의 컬러와 스타일이 구체화된다. 한옥 같은 사람, 바다 같은 사람, 무소의 뿔 같은 사람이다. 각자가 품고 있는 사연이 삶의 얼룩을 만들고 고유한 무늬를 낳기도 한다. 영화를 보고 난 후에도 오래도록 기억되며 마음속에 품게 되는 명장면 한두 개씩은 있다. 쏟아지는 비를 두 팔 벌려 온몸으로 받아들이는 장면, 죽은 여자 친구를 살리겠다고 지구를 거꾸로 세 바퀴나 되돌리는 장면, 나무 사이로 따뜻한 햇볕이 눈이 부시도록 쏟아지는 장면, 와인과 너무나도 잘 어울리는 여주인공의 벨벳 원피스. 자신의 감각적 욕구를 자극하거나 감성과 맞닿아 있는 장면이고 내가 원하고 추구하는 무엇 또는 나만의 미지의 세계와의 연결 고리이기도 하다. 영화와 드라마의 명장면이 패러디되어 사람들에게 인기몰이하는 이유도 세대의 감성과 정서적 혈점을 정확히 겨냥했기 때문이다. 감성을 자극하고 공감대를 형성하기에 충분한 이유가 있다.

괴테의 문체는 셰익스피어의 문체와 다르고, 반 고흐의 화풍은 피카소의 화풍과 다르다. 톨스토이의 문체는 철학자 니체의 문체와 다르다. 문체는 작가나 철학자의 삶이 반영된 지문과 비슷하다. 각자에게 잘 어울리는 스타일이 다르고 모든 사람의 지문이 다르듯 저마다의 삶을 살아가면서 자신도 모르게 형성된 자기만의 스타일이 문장으로 스며들면서 독특한 문체가 태어난다. 문체는 교육을 통해서 배울 수 있는 일정한 법칙으로 존재하지 않는다. 문체 또한 그 사람의 삶이 고스란히 담긴 얼룩이자 무늬이고, 한 사람의 문체는 그 사람이 살아가는 삶을 살아보지 않고서는 느낄 수 없는 족적이다. 괴테의 문체가 좋다고 셰익스피어가 따라 하지 않고 니체의 문체가 독특하다고 톨스토이가 자기 문학 작품에 쓰지 않는다. 친구의 스타일이 좋다고 내가 그대로 따라할 수 없는 것과 같다. 자신이 아니면 쓸 수 없는 문제의식과 삶에 대한 철학과 가치관이 고스란히 반영되는 게 문체이기 때문이고, 나만의 타고난 신체적 특성과 이미지, 그리고 감성도 오로지 나만의 것이기 때문이다.

누구의 문체가 좋고 나쁘다고 판단할 수 있는 기준은 없다. 누구의 스타일이 좋고 나쁘다고 단정 지을 수 없다. 문체와 스타일은 한 사람의 삶이 반영된 실체라서 비교 대상이 될 수 없다. 문체와 스타일은 고유한 독자성이 드러나는 개별성의 문제이자 구체적인 삶이 만들어내는 한 개인의 역사적 산물이다. 괴테다운 삶을 살았기에 괴테다운 문체가 탄생하고 니체다운 삶을 살았기에 니체가 아니면 쓸 수 없는 문체가 탄생한다. 내가 살아온 삶이고, 내가 살고 있는 삶이고, 앞으로 살아갈 삶이기에 나의 고유한 얼룩과 무늬가 곧 나의 삶인 것이다.

모든 콘텐트는 그 콘텐트가 탄생할 수밖에 없는 문화culture나 상황적 맥락context이 있다content in culture or context. 즉 특정 콘텐트를 이해하려면 그 콘텐트를 탄생시킨 특정한 문화적이고 상황적인 특수성이 있다. 그런 배경에서 담겨진 사연을 제대로 이해하지 않고는 거기서 탄생된 콘텐트를 올바르게 이해할 수 없다. 예를 들면 많은 사람에게 인기를 끄는 특정한 스타일이나 트렌드는 그것이 탄생할 수밖에 없는 문화적 토양이나 상황적 맥락이 배경으로 작용해서 탄생한 산물이다. 이런 걸 무시하고 모든 문화나 상황에 보편적으로 통용되는 훌륭한 콘텐트는 존재하지 않는다. 특정한 상황에서는 진리로 통용되지만, 또 다른 상황에서는 무리가 되는 경우가 존재한다. 이런 문제의식은 단지 콘텐트 영역에서만 통용되는 게 아니다. 어떤 이론이든 방법이 특정한 상황에서 효과적이라고 또 다른 상황에서 그대로 효과적이지 않다는 말이다.

옷 입기도 마찬가지다. 이러한 맥락에서 상황이나 문화와 무관하게 어떤 상황에서도 무조건 통용되는 옷 입기 방법이 존재할 수 없다고 말하고 싶다. 옷 입기에 관한 보편타당한 법칙은 존재하지 않는다는 말이다. 이럴 때는 이런 옷을 입으라는 계절별 아이템별 컬러별의 보편적인 옷 입기 처방전은 누군가 입으면 멋있어 보인다는 다수를 위한 대안에 불과하다. 옷은 문체처럼 그 사람이 살아가는 삶의 방식과 스타일에 맞게 저마다 어울리는 방식이 존재한다. 문체가 사람의 지문인 것처럼 옷 역시 한 사람의 자기 정체성을 드러내는 증표이기 때문이다.

컨설팅해드리는 내내 참으로 좋은 에너지를 공유하며 유튜브에 비포 애프터 사진 사용 허락까지 쿨하게 해주신 그랑그랑 크리에이션 1호 고객님. "신발은 무조건 편해야 해요. 전 무조건 편한 것만 신어요."라고 하면서 감성 카드에서 리본이 달린 구두, 실루엣이 예쁜 스틸레토를 고르는 모습에 잠시 갸우뚱했다. 그래서 신고 오신 신발을 보니 네이비 컬러 슬립온에 오색찬란 큐빅이 덮여 있는 게 아닌가. 정말 무조건 편안하기만 한 신발만 원하셨다면 큐빅이 덮여 있는 신발은 사지 않았을 것이다. 나를 가꿀 시간 없이 바쁘게 생활하면서 편안함과 익숙함만이 그녀를 덮고 있었다. 나의 감성과 취향 같은 나만의 문체는 잊은 채 일반화된 문체를 사용하고 있지만 내 안에 흐르는 나만의 감성과 취향은 나도 모르는 사이에 불쑥 고개를 내밀기도 한다. 귀여운 것을 좋아하든 화려한 것을 좋아하든 같은 부류의 감성일지라도 표현과 표출 방법과 수단이 사람마다 다르다는 것도 놓쳐서는 안 될 부분이다. 더 깊숙한 곳에 숨어 있거나 깊이 잠자고 있는 감성이라면 흔들어 깨워서 일으켜 앉히기까지 물리적인 시간과 노력이 필요하다.

퍼스널 컬러는 가을. 그에 맞는 의상을 입었을 때 생기가 있고 피부결도 좋아 보이고 더 돋보인다. 그러나 고객님이 좋아하는 컬러는 가을의 덜하고 딥한 성숙한 톤보다는 좀 더 경쾌하고 강렬하며 비비드한 톤이다. 그렇다면 그 사이에서의 어떤 적절한 타협과 수용이 필요하다. 러플, 레이스, 리본, 주름 등으로 볼륨감을 주어야 하고 바디라인을 강조하면서 플러스 스타일링이 잘 어울리는 웨이브 타입. 진단해 보면 어떤 타입에서 명확하게 기준이 되는 사람이 있는가 하면 여러 동심원으로 나눠진 양궁 과녁의 득점 구간처럼 기준에서 조금 혹은 많이 벗어난 사람도 있다. 그런 사람들에게 무조건 그 타입의 스타일링을 균등하게 적용하면 오류가 발생한다. 자신의 타입에 대한 설명을 듣고 완강히 거부하는 고객님도 있다. 내추럴과 에스닉한 감성의 소유자. 고객님이 운영하는 컬러 힐링센터를 방문해 보니 더욱더 그 감성과 취향이 한눈에 들어왔다. 인테리어 또한 내추럴한 분위기에 강렬하고 에스닉한 스타일의 쿠션이 곳곳에 자리하며 컬러풀함과 다이내믹함을 느낄 수 있었다. 의상도 내추럴한 스타일을 선호하셨고 평소 즐겨하는 액세서리도 에스닉한 스타일이 많았다. 컨설턴트의 손길이 멈추는 순간, 스타일 진단 후 처방된 솔루션에 맞춘 의상과 액세서리는 쓰레기통으로 들어가기 딱 좋은 케이스다.

컨설팅 후 고객이 제시된 솔루션을 받아들이고 이행하는 부분에 있어 시간과 방법, 스타일이 모두 다르다. 그것 또한 그 사람의 스타일. 무조건 받아들이고 말을 잘 듣는 흡수력이 좋은 모범생 고객이 있는가 하면 우리 1호 고객님처럼 "네네. 맞아요, 맞아요." 하면서도 자기 스타일대로 자기가 좋은 것이 우선이고 자기 고집을 절대 내려놓지 않는 사람도 있다. 고객의 그런 성향까지도 읽어내고 인정한 상태에서 최상의 접점을 찾는 컨설팅을 해야 성공적인 퍼스널 스타일링 컨설팅이 된다는 것을 1호 고객님을 통해서 느꼈다. 고객의 성향, 감성, 취향, 기호에 관한 정보와 이해 없이 진단법에만 의존한 스타일링 제안은 잠시 임기응변의 통상적인 옷 입기 전략에 그치게 된다. 진정한 스타일링 컨설팅은 고객과 주고받는 대화, 고객 일거수 일투족의 변화, 대화 장면에서 반응하는 표정 등을 종합해서 감각적으로 느끼는 깨달음의 결과를 제안하는 과정이다. 삶이 만들어가는 얼룩과 무늬가 스타일이기 때문이다.

감각적 각성 없는 충동구매

어느 날 아침 뉴스에서 사막에 버려진 옷 무덤을 본 적이 있다. 지구 반대편 칠레에 전 세계에서 버려진 옷들이 폐기되는 사막이라고 하는데 사진만 얼핏 보았을 때는 내 눈을 의심할 정도로 어느 예술가의 패기 넘치는 작품 같았다. 지구에서 가장 건조하다고 알려진 칠레 북부 아타카마 사막에 세계 각국에서 버려진 헌 옷들이 산더미를 이루고 있었다. 칠레는 전 세계에서 중고 의류를 수입하는 나라로 유명한데 매년 6만 9천 톤의 헌 옷이 칠레로 수입되고 그중에 팔리지 않은 4만여 톤이 이 사막에 그대로 버려졌다고 한다. 이 옷들은 화학 처리가 되어 있어서 자연적으로 분해되는데 수백 년이 걸리고 결국 버려진 옷들이 대기와 지하수를 오염시켜서 자연을 파괴하고 있다. 감각적 각성 없는 충동구매는 환경을 오염시키는 주범이 되고, 패스트 패션Fast Fashion이 지구 환경을 빠르게 오염시키고 있다. 패스트 패션 트렌드 때문에 만들어진 옷이 '패스트'하게 버려진다. 싸게 살 수 있고, 유행에 빠르게 적응할 수 있어 쉽게 구매하고 몇 번 입고선 또 쉽게 버린다. 우리가 쉽게 사 입고 쉽게 버리는 옷, 그리고 유행이 지나면 버려지는 옷들은 어디로 가는지 생각하며 옷을 구매하고 버리는 사람은 거의 보지 못했다. 우리는 모두 사고 입는 것에만 열중한다. 나 역시 SPA브랜드들의 전성시대를 지나오며 저렴하고 예쁘다는 이유로 마구 사들인, 입지도 버리지도 못하고 있는 옷들이 많다. 하루에 쏟아지는 어마어마한 양의 옷을 쓰레기라고 표현하는 것 역시 패션의 흑역사이다.

환경부에 따르면 하루 평균 의류 폐기물의 배출량이 2008년에서 2016년 사이 두 배 가까이 증가했다고 한다. 옷을 제조하고 폐기하는 과정

에서 발생하는 탄소 배출량은 국제선 비행기나 선박에서 발생시키는 탄소의 합보다도 많은 수치이고 버려지는 옷들은 처리 물량이 많아 대부분 소각되는데 유엔 환경계획UNEP에 따르면, 의류 폐기물 재활용률은 1퍼센트도 채 되지 않는다고 한다. 1회성 아이템들과 1회용 봉투 사용 금지하고 리사이클링 제품들이 앞다투어 선보이고 있으나 하루에 쏟아지는 어마어마한 양의 옷과 폐기물을 따라잡을 수가 없는 현실이다. 계속되는 환경문제의 지적으로 몰락하고 있는 패스트 패션을 살리려는 방안으로 '지속 가능성 패션'으로 방침을 바꾸고 재활용 소재로 의류를 만드는 등 친환경 전략을 모색하는 추세이다. 하지만 친환경적인 옷으로 지구를 살리는 옷장을 얼마나 빨리 만들 수 있으며 우리 가까이에 오기까지는 더 큰 변화의 노력이 필요할 것이다.

사람마다 소비 패턴도 다르고 구매한 것을 보관하고 관리하는 방법도 다르다. 제대로 된 물건을 신중하게 구매해서 오랫동안 잘 간직하며 사용하는 사람도 있고 좋은 물건을 구매했더라도 금방 싫증을 느껴 빨리 보내버려야 하는 사람들도 있다. 이런 사람들은 더더욱 물건 구매에 신중해야 한다. 나를 위한 투자의 개념으로 오래 사용할 수 있고 철저하게 나의 것이여야 하는 물건을 구매한다면 칠레 사막과 나라마다 즐비하게 열리는 벼룩시장은 평화로워질 것이며 우리는 좀 더 좋은 공기를 마시며 살 수 있지 않을까. 내가 생각 없이 구매하는 한 벌의 옷이 많아질수록 지구의 환경오염은 심각해진다. 우리의 욕망으로 구입한 옷이 아무런 구실도 못하고 버려지는 순간, 나 역시 환경오염을 일으키는 주범이 된다. 나의 작은 행동 하나도 지구 전체에 미치는 영향력을 보다 거시적인 시각으로 바라보려는 각성이 필요하다.

한 벌의 옷을 오래 입고 적게 사는 습관으로 불필요한 의류 소비를 줄이는 '지속 가능한 패션'을 위한 나만의 옷 입기 철학이 필요한 때이다. 옷을 잘 입는 것도 중요하지만 옷을 잘 구매하는 것도 중요하다. 나는 미니멀리스트인가 맥시멀리스트인가. 말로는 미니멀을 추구한다고 하면서 구매욕은 끊임없이 가동되는 것이 인간의 심리이다. 나는 충동구매를 잘하는 편인지 신중하게 고민하면서 결정 장애에 시달리기까지 하는지 소소한 물건들을 쉽게 잘 사는지 크게 한방에 사고를 쳐야 속이 시원한 스타일인지 소비 패턴에 대해서 점검해 볼 필요가 있다. 지속 가능한 옷 입기는 우리 삶을 보다 건강하고 행복하게 만들기 위한 생활철학이다. 옷 입기에도 무슨 철학이 필요하냐고 물을지 모르지만 사실 옷 입기 철학만 바꿔도 우리가 매일 몸담고 살아가는 지구 환경을 더 깨끗하게 유지할 수 있다. 나의 공간이 상쾌해지는 건 시간 문제이고 우리의 신체에도 직접적인 영향을 줄 것이다.

예쁘다고 잘 사놓고 생활에 밀접하게 접목을 못 하거나 입고 싶은 아이템을 사두고도 제대로 입지 못하는 경우가 많다. 나도 재킷을 구입하고 그 안에 입을 이너가 마땅치 않아서 입었다 벗기를 여러 번 하고 나면 그 재킷에는 손이 가질 않는다. 그 후론 재킷을 구매할 때에는 이너를 함께 구매하거나 이너를 입기가 어중간하고 어려울 것 같은 재킷은 과감히 내려놓는다. 누구나 애교로 봐줄 애물단지 장롱템 한둘은 가지고 있다. 스타일 검진을 받으러 오면서 구매한 옷이 이상하게 손이 가질 않는다며 그 옷을 가지고 가도 되느냐고 묻는 고객들도 간혹 있다. 가지고 오는 애물단지들을 보면 기가 막히게도 하나같이 본인에게 안 어울리는 이유가 너무나도 분명한 아이들이다. 어울리지 않는데도 불구하고 충동적 욕구나 순간

적인 욕망의 꿈틀거림에 등 떠밀려 대책 없이 지갑을 연다. 살 때는 신나게 사놓고 한두 해가 지나가도 손도 대지 않는 먼지 앉은 옷들은 결국 지구를 더럽히는 환경오염원의 일등 공신이 된다.

나의 의지와 충족의 욕구로 구매한 옷인데 그 옷을 입을 때에 간혹 막막해지는 이유는 그 옷이 내 몸에 맞는지를 직접 확인하는 감각적 프로세스 없이 구매하기 때문이다. 나의 신체적 특징과 감성, 취향에 대해서 잘 알고 있지 못하고 있거나 충동구매를 한 경우도 그러하다. 나에 대해서 제대로 알고 있지 못한 경우에는 옷뿐만 아니라 모든 쇼핑이 뒤죽박죽 난해하게 된다. 내 몸이 요구하는 옷은 옷과 몸이 접촉해봐야 더 정확하게 알 수 있다. 눈으로 봤을 때 그려지는 상상 속 모습에 의존해서 충동 구매한 옷은 날개를 달고 한 사람의 아름다움을 드러내지도 못하고 추락하고 만다. 감각적 프로세스 없는 쇼핑은 감각적 각성이 일어나지 않을뿐더러 밀려오는 온갖 후회의 쓰나미를 온몸으로 받게 만든다.

"생각하지 않고 읽는 것은 씹지 않고 식사하는 것과 같다."

E.버크의 말이다. 마찬가지로 충동적 자극만으로 옷을 사는 것은 생각 없이 책장을 넘기는 독서와 같다. 내 몸을 각성시키는 감각적 자극 없이 옷을 구매하는 것은 아무 생각 없이 책장만 넘기면서 책을 읽는 것으로 착각하는 것과 다를 바 없다는 얘기다. 책을 볼 때 '검은 건 글씨이고 하얀 건 종이네' 하면서 읽어가기보단 책을 통해 느끼고 배우는 내용을 어떻게 내 삶에 적용할 수 있을지에 관한 생각과 고찰이 필요하다. 마찬가지로 옷 입기도 옷이니까 입어 마땅한 장식품이 아니라 옷으로 하여금 나를 잘 표현할 기회를 충분히 마련해주는 의도적인 노력이 필요하다. 그럴 때 옷 입기가 바로 힘입기로 연결된다. 옷에게 나를 잘 표현할 수 있는 의무감을 부

여하고 그 옷을 입는 나는 옷에 대한 책임 의식을 가진다면 옷으로부터 힘을 얻는 것은 어려운 일은 아니다.

순간적으로 일어나는 감각적인 프로세스가 없다면 나만의 룩북과 쇼핑 리스트를 작성하자. 맨 먼저 계절별로 아이템별로 분류작업을 한다. 분류작업이 어느 정도 되면 내게 더 필요한 아이템이 나열된다. 그리고 주별로 꼭 입어야겠다는 아이템만 모아서 스타일링을 한다. 룩북과 리스트를 작성하면서 되도록 입어보는 것이 좋다. 몸의 변화도 감지되고 내가 생각했던 스타일이 안 나오는 경우가 더 많기 때문이다. 무조건 입어보고 경험할 때 더 정확한 기준이 생기고 그것이 내 것이 된다. 옷마다 내 몸에 전해주는 감각적 자극이 다르다. 그때마다 몸은 감각적 각성을 몸으로 체험하며 옷을 통해 나를 드러내는 자긍심도 더 높게 생긴다.

부피가 크거나 값이 나가는 계절 옷을 조금 더 경제적인 방법으로 구매하기 위해서는 여름옷은 겨울에 사고 겨울옷은 여름에 사기도 한다. 그리고 꼭 필요한 계절 아이템이 있다면 그 계절이 오기 전에 사야 한다. 계절이 바뀌기 전에 미리 쇼핑할 아이템 서치를 시작해야 한다. 누가 입었는데 보니까 이쁘더라 하고 쇼핑을 나가면 발 빠른 고객들 덕분에 이미 솔드아웃이다. 계절별로 또는 분기별로 의상을 조합하여 세팅을 미리 해 둔다면 지속 가능한 패션이 쉽게 자리를 잡을 수 있다. 옷 입기는 반복적인 연습이 필요하다. 아침에 일어나서 땡기는 대로 번뜩이는 대로 손에 잡히는 대로 옷을 입어도 내 삶에는 큰 지장이 없다. 하지만 데일리로 의상 스타일을 정해 놓는 습관을 기르면 더 나의 스타일을 즐기며 색깔 있는 삶을 살 수 있다. 그런 습관은 다른 생활 패턴과도 맞물려 꼼꼼하고 촘촘한 감각적 자유를 누릴 수 있다.

히어로의 전투복

영화 속 히어로의 의상은 그들의 아이덴티티를 가장 잘 표현하는 디자인으로 히어로를 완벽하게 대변한다. 빠르고 경쾌한 비트의 음악과 함께 등장하는 전투복은 누군가가 위험에 처한 상황에서 히어로가 힘을 발휘해야 하는 순간, 히어로를 변신시키고 히어로의 출동을 알리는 신호탄 역할을 한다. 전투복을 입은 히어로의 등장만으로도 극적인 내러티브가 흥미진진해지고 관객들은 안정감을 느낀다. 상대를 압도하고 아름다운 여인을 구하는 히어로가 진정한 영웅으로 거듭날 때 없어서는 안 되는 존재이다. 히어로는 전투복을 착용함으로써 힘을 얻고 힘을 얻어야 할 때 전투복으로 갈아입는다. 우리도 어떤 이유에서건 나에게 최적화된 나만의 적합한 복장이 있다. '언제나 출동하겠습니다'의 의미 그야말로 생업을 위한 옷과 나에게 힘이 필요한 특별한 날에 입어야 하는 소개팅룩 같은 옷이 우리들의 전투복이라 할 수 있겠다. 하늘을 나는 슈퍼맨은 바람에 휘날리는 망토가 필요하고, 아이언맨에게는 어떠한 공격에도 견딜 수 있는 강력한 철갑방패 같은 아이언 슈트가 필요하고, 친절한 이웃이 되기 위해 정체를 숨겨야 하는 스파이더맨은 얼굴마저 가리는 전신 타이트 쫄쫄이 슈트가 필요하다.

다음은 '당신의 전투복은 무엇인가?'라는 제목으로 엘르 잡지에 실린 기사이다.

"바지 슈트에 관심을 가진 건 2017년 〈킹스맨 2〉를 보고 난 뒤다. 슈퍼히어로들이 쫄쫄이를 입고 지구를 구하듯, 콜린 퍼스는 맞춤 정장을 차려입고 악당을 응징한다. 그럴 때마다 낮게 읊조리는 문장. '매너가, 사람

어디까지 내어줄 수 있는지 일상을 채우는 모든 감정

을, 만든다.' 품격 있으면서 동시에 상대방을 압도하는 아우라를 주는 그것을 나도 갖고 싶었다. 그래서 입어 보니 전에는 몰랐던 세상이 열렸다. 첫째, 온전히 일에만 집중할 수 있다. 적당한 여유를 두고 온몸을 천이 감싸고 있기 때문에, 남이 내 체형을 어떻게 볼지 아무 신경도 쓰지 않게 된다. 둘째, '오늘 뭐 입지' 고민 없이 출근 준비를 신속하게 마치게 된다. 어차피 색감도 디자인도 그게 그것이기 때문이다. 마지막이지만 정말 중요한 것, 빨래가 쉽다. 주말이면 1주일 동안 입은 정장 상하의를 몽땅 중성세제와 함께 세탁기 '섬세 모드'로 돌린다. 물론 나 자신이 옷감 손상과 변형에 예민하지 않은 탓이기도 하지만 여기에 이너 웨어로 입을 셔츠·블라우스·티셔츠 등만 따로 한 번 더 돌려주면 1주일 출근 준비는 완성이다! 정서적인 장점은 더 크다. 이처럼 일을 할 때 능률을 돕고 집중할 수 있게 하는 옷이 전투복이고, 이유가 명백한 전투복은 나의 삶을 더 편리하게 해준다."

유도인에게는 옷깃이 있는 도복이 필요하고 씨름에는 서로를 잡을 수 있는 샅바가 필요하고 축구선수에게 잔디에서 몸의 중심축 이동을 돕는 축구화가 필요하다. 축구광이었던 나는 잔디에서 공 한번 찰 일이 없으면서도 축구화가 너무 예뻐서 부끄러운 줄도 모르고 신고 다닌 적이 있다. 나에게 맞지 않는 옷과 신발은 나에게 힘을 주지 못하는데 말이다. 강사에게는 구두와 슈트, 가수는 무대에서 관중을 사로잡아주는 의상, 가드닝이 직업인 삶에서는 장화와 앞치마가 전투복이 된다. 당신이 열정을 쏟고 있는 일과 그 일의 성과를 위해서는 전투복이 필요하다. 신분의 특성을 알려주는 제복부터 물속에서 꼭 신어야 하는 장화까지 다양한 삶 속에서 그 어떤 것도 각자의 전투복이 된다. 하지만 무조건 이것을 입는다고 힘을 얻는 것은 아니다. 당신이 어떤 일을 하고 어떤 일에 매달리느냐에 따라 완벽한 감각적 본능까지 깨우는 그런 전투복이었으면 좋겠다. 당신답게 뭔가를 할 수 있고, 또 하게 만드는 각자의 전투복을 만들어가는 것이 중요하다.

컨설팅을 하다 보면 다양한 분야의 고객을 만난다. 한 번은 모 교수님의 강의하는 모습이 담긴 사진을 보고 사진 속 인물 컨설팅을 해 드린 적이 있다. 깔끔하게 입으시긴 했는데 한눈에 봐도 처진 어깨선, 아래로 내려와 있는 중심 밸런스와 겉도는 셔츠, 구두 위로 주름이 많이 잡히는 길이가 긴 바지, 옷보다 밝은 색의 벨트, 앞쪽이 위로 들리는 구두 등 전체적으로 어색한 착용감이었다. 더욱이 다채로운 컬러 조합으로 시선이 분산되는 난해한 스타일링은 당장 수습이 필요한 상황이었다. 교수님을 직접 뵙고 보니 두께감이 있는 뻣뻣한 소재의 기본 드레스 셔츠가 안 어울렸던 이유를 알 수 있었다. 평소 운동을 꾸준히 한 탓에 근육질의 몸이긴 하나 탄력감이 느껴지기보다 소프트함이 더 강한 신체적 특징을 가지고 있었다. 몇 가지 스타일링 솔루션을 제안해드리긴 했으나 내가 말씀드린 스타일의 옷을 직접 찾아서 입으실 것 같지 않았다. 그래서 극약 처방으로 약간은 부드러운 소재의 라인을 강조하는 과감한 슬림핏 셔츠로 사다 드리면서 입어보시길 권했다.

셔츠 사이즈 체크를 위함이라고 말씀드렸지만, 그것보다도 셔츠의 핏이 바뀌었을 때의 비포와 애프터가 너무 궁금했다. 셔츠를 갈아입으시는 순간 180도 달라진 모습에 경악을 금치 못했다. 타이트한 슬림핏 셔츠로 가슴 근육이 확연히 살아 보이니 아래로 더 처져 보였던 어깨는 가슴선과 아름답고 자연스러운 곡선을 이루고 허리선이 강조되어 역삼각형 실루엣이 두드러지니 그동안의 운동으로 흘린 땀이 빛을 발하는 순간이었다.

'그 멋진 몸을 잘도 감추고 다니셨구나', 그렇게 잘 감추고 다니시기도 힘드셨을 텐데 생각하면서 덧붙여지는 또 하나의 확신은 패턴의 존재감. 라인이 조금 강조되었다고 해도 민무늬 셔츠를 입으셨을 때 느껴지는 뭔가 모를 2퍼센트 부족함은 패턴이 필요한 사람에게서 느껴지는 스타일링의 빈자리이다.

교수님의 피드백을 듣고 가슴이 두근거렸다. 내가 준비해드린 셔츠를 입었을 때 느껴지는 접촉감으로 이전과 전혀 다르게 옷이 내 몸을 감싸 안듯 다가온 것에서 감각적 각성에 대한 화두를 던지셨다. 지금까지 입었던 셔츠로는 느낄 수 없는 감각적 각성이 일어남으로써 몸속에서 잠자고 있었던 감각적 본능을 뒤흔들어 깨우는 새로운 전기가 마련되었다고 한다. 그리고 몸이 요구하는 옷이 나에게 다가옴으로써 옷과 몸이 비로소 구분할 수 없는 하나의 혼연일체가 된 날 고백을 하셨다.

자신의 원하는 최적의 신체성을 드러내는 안성맞춤의 옷을 맞이하는 순간은 입어보고 느껴본 사람만이 안다. 옷에 덮어씌워져 몸의 욕망을 드러내지 못하다 새로운 셔츠가 몸의 본능과 정체성을 드러내게 해주는 감각의 주인으로 작용하기 시작함으로써 옷 입기의 힘을 제대로 얻으신 모습이었다. 내 몸과 어울리는 옷 입기로 감각의 자유를 얻을 때 우리들의 전투복은 더욱더 빛을 발한다. 어느 한 부분이 개선되면 다른 부분이 더 거슬리기 마련이다. 늘 협찬받으시던 곳에서 헤어를 하셔서인지 그 연령대에 맞춘 듯한 헤어스타일을 탈피하지 못하고 계신 모습이었다. 얼굴형과 두상, 머릿결의 단점을 보완하고 장점을 살리는 가운데 자연스레 매력적인 구레나룻이 등장했다. 교수님의 시간을 거꾸로 흐르게 해준 일등 공신 구레나룻. 그것을 알아보는 사람은 없는 듯했다. 하지만, 자신이 가진 미세

한 신체적인 특징만 잘 살려도 이렇게 큰 효과를 얻을 수 있다는 것을 명백하게 증명해준 사례다.

나는 간절히 원했던 물질적인 것을 소유했을 때와는 비교도 할 수 없는 감동과 감격을 느꼈다. 6개월 과정의 컨설팅을 너무나 잘 따라와주신 교수님께 감사할 뿐이다. 컨설팅의 보람은 나의 고객에게 행복함을 안겨주면서 덩달아 나 역시 고객의 행복한 모습에서 행복을 선물 받는다. 이처럼 누군가에게 도움을 줄 수 있는 감각적 능력이 있다는 사실만으로 감사할 일인데 나의 전문성으로 누군가 행복감을 느낀다면 그것이야말로 우리가 살아가며 느끼는 최고의 보람이 아닐까.

육감각에 대하여

아무리 옷 입기를 강조해도 옷 입기는 직접 입어보지 않고서는 상상 속의 그림자 놀이고 어릴 적 가지고 놀던 종이 인형 옷 입히기와 다를 바가 없다. 옷이 내 몸에 잘 맞는지의 여부를 넘어 나의 정체성을 살려주면서 나만의 스타일을 창조해내기 위해서는 옷과 내 몸이 직접 만나는 살아 있는 경험을 해야 한다. 잘 차려입은 사람에게 시선이 머물게 되면 옷의 존재 이유가 한눈에 들어온다. 하나하나 따져보지 않아도 그 사람의 몸을 돋보이게 하면서 전체적으로 잘 맞는지, 잘 어울리는지를 육감적으로 알 수 있다. 패션 디렉터와 라이프 스타일 컨설턴트로 일하면서 현장에서 터득한 감각과 고객 컨설팅 과정에서 소통과 피드백으로부터 배우고 느낀 깨달음의 감각을 나열해본다. 옷을 입으면서 아래에 나열된 여섯 가지 감각을 제대로 한번 느껴본 적이 있던가? 그것을 느꼈다면 당신은 또 다른 당신과 함께 재미있고 근사한 여행을 한 사람이다.

감촉, 감동, 감흥, 감격, 감탄, 감명 이 여섯가지 감각의 구분이 명확하지 않으니 느낄 수도 없을뿐더러 느꼈다 할지라도 표현하고 전할 수가 없다. 감각은 느낄수록 더 크게 피부를 스치며 전해지는 촉감에서 새로운 희열을 느끼게 한다.

옷을 입으면서 내 몸이 느끼는 또는 타자로부터 받게 되는 육감을 단계적으로 풀어보며 이 글을 마치려고 한다. 감촉으로 시작해서 초기 감흥이 오면 스스로 감동 받아서 감격하고 주변 사람도 감명 받아서 함께 감탄하는 자아도취와 무아지경의 옷 입기로 가볍게 읽고 묵직한 감탄에 취하길 바란다.

감촉 感觸

옷 입기는 촉감으로 시작한다. 무언가를 만지거나 몸에 무엇이 닿았을 때 스치는 바람결에도 피부감각을 통해서 전해지는 촉감에서 감정세포의 분열이 시작된다. 색다른 옷은 언제나 색다른 촉감으로 온몸을 휘감는다. 달라진 옷이 나를 어떻게 다르게 변화시키는지는 생각만으로 알 수 없고 상상만으로도 촉감을 육감적으로 느낄 수 없다. 오로지 옷 입기는 직접 입어보면서 옷의 재질과 스타일, 컬러, 실루엣 등 옷의 모든 요소가 체형과 어떻게 조화를 이루는지는 다른 감각보다 촉감으로 더 정확히 느낀다고 해도 과언이 아니다.

감촉이 살아 움직이려면 계속해서 내 몸의 촉감을 자극하는 색다른 옷을 이전과 다르게 입어봐야 한다. 옷 입기의 시도가 달라져야 잠자고 있는 감각의 본능이 눈을 뜨고 살아 숨 쉰다.

감동 感動

감촉이 달라지면 감도感度가 달라지고 거기서 느끼는 감동도 달라진다. 감동은 처음으로 마음이 움직이는 신호다. 감동은 웬만한 충격으로 오지 않는다. 감동은 몸으로 느낄 때 때로는 천천히 때로는 빛의 속도로 다가온다. 조금은 낯설지만, 그 낯섦을 즐기며 새로운 옷을 접했을 때 내 몸이 신체적으로 느끼는 촉감이 달라지는 순간 미묘한 파장과 여운이 몸에 남아 서서히 마음마저 동요되기 시작한다. 옷을 입고 거울 앞에 선 자신의 모습에서 스스로 놀라기 시작한다. 이런 모습을 본 적이 없다는 놀라움에서 자신의 색다른 면모를 발견하기 시작한다. 감동의 쓰나미가 몰고온 뭉클함으로 스스로에게 놀라는 모습을 발견해본 적이 있던가. 옷 입기는 힘입기를 넘어 스스로를 감동의 도가니로 몰아넣는다. 감동은 내가 받기도 하지만 옷 입기를 권해준 타자가 받을 때 더 크게 번지고 그 감동은 또다시 부메랑이 되어 나에게 되돌아온다.

감흥 感興

내 몸이 직접 옷을 입으면서 느낀 감동이 깊어지면 감흥을 받는다. 감흥은 마음속 깊이 감동하여 일어나는 흥취다. 감동이 마음을 움직여 이전과 다른 행동을 유발하는 촉진제라면 감흥은 감동의 깊이가 심화하면서 그 느낌에 완전히 취하는 각성제라고 할까. 옷 입기가 힘입기를 넘어 스스로의 감동적인 모습에 취하게 만드는 자각제인 이유다. 삶의 흥이 없어지는 이유 중의 하나도 어제와 다른 옷 입기를 통해 자신을 흠뻑 취하게 만드

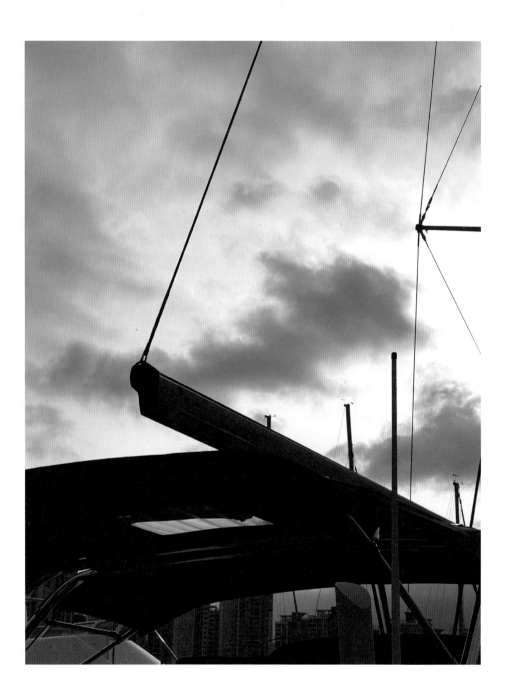

는 축제나 향연으로 가지 않기 때문이다. 옷 입기는 단순한 몸치장이 아니다. 밋밋했던 삶에 활력을 불어넣고 에너지를 솟아나게 만들며 자신이 하는 일에 흠뻑 빠지고 취하게 만드는 충전제가 바로 옷 입기다.

감 격 感 激

감동과 감흥 단계를 넘어서면 주체할 수 없는 감격이 다가온다. 감격은 한자의 의미 그대로 격렬하게 감동하고 매혹적으로 감흥 받을 때 주체할 수 없이 내 몸을 습격하는 느낌이다. '감동'은 나도 받지만, 타자도 받는다는 점에서 오로지 주체가 어쩔 수 없이 감정이 폭발하는 느낌을 받는 감격과 다르다. 옷을 입어보고 달라지는 자신의 모습을 보고 감동과 감흥 단계를 넘어 감격하는 이유는 난생처음 느껴보는 격한 감정이 폭발하기 때문이다. 처음으로 색다른 시도를 통해 옷을 입었는데 착용하는 순간 핏감이 색다르게 온몸을 휘감으면서 전율하는 감동이 바로 감격이다. 격렬한 감정의 폭발이 옷 입기로 가능하다는 걸 많은 사람이 느낄 수 있으면 좋겠다.

감 탄 感 歎

세상에는 한심하게 사는 사람, 일상의 언어가 주로 한탄만 하는 사람이 많다. 한심은 마음이 차갑게 식은 상태를 지칭하고 한탄은 걱정과 근심이 불러오는 탄식의 언어다. 반면에 매사에 감사하고 감동하며 감흥에 취해 감격하는 사람, 모든 걸 기적으로 받아들이며 감탄사를 연발하며 행복하게 살아가는 사람이 있다. 옷 입기는 감탄사 제조기다. 내가 입은 옷에 스스로 감탄하는 수준에 이르면 저절로 탄성을 지르며 자신의 놀라운 변신의 모습에 도취한 상태다. 감격한 상태에서 자신도 모르게 나오는 탄성이 바로 감탄이다. 행복한 사람의 증표는 감탄사 연발을 얼마나 자주 하느냐에 달려있다. 자신의 옷 입은 모습을 보고 감탄하는 것은 물론이고 다른 사람이 입은 옷을 보고도 그 사람 특유의 스타일을 드러내는 순간을 목격해도 감탄한다. 옷 입기는 감탄사를 연발하게 만드는 감동적인 연출이다. 색다른 옷을 입은 자신의 모습을 보고 얼마나 감탄사를 연발하느냐가 그 사람의 행복 지수다.

감 명 感 銘

감탄이 감도의 지속성이 순간적이고 비교적 짧은 느낌이라면 감명은 감동한 상태가 비교적 오랫동안 마음속에 남는 경우를 말한다. 감명은 말 그대로 감동받아서 마음에 깊이 새긴다는 의미다. 내가 옷을 입고 느끼는 감촉 감동을 불러오고 감흥으로 순식간에 감정의 소용돌이가 치다가 갑자기 전율하는 감정, 감격으로 폭발하면 주변 사람들도 역시 깊은 감명을 받는다.

옷 입기는 내 몸이 느끼는 촉감을 넘어 나를 아는 모든 사람들에게 깊은 감정의 연대망을 나도 모르게 만들어간다. 즉 내가 입은 옷으로 자신감이 생기면서 내가 만나는 모든 사람들에게 깊은 마음의 울림을 준다. 이런 점에서 옷 입기는 화려함으로 남에게 자랑하는 과시가 아니라 내가 누구인지를 나만의 스타일로 독보적인 아름다움을 만들어내는 창작이다. 감촉 – 감동 – 감흥 – 감격 – 감탄의 차원을 넘어 수평적으로 확산되는 감정의 흐름이 감명이다. 직감적으로 와닿는 감동이 마음속 깊이 오랫동안 간직되기도 하지만 옷 입기로 그 사람 특유의 개성이 가장 적확하게 표출되었을 때 압도당하는 느낌이기도 하다.

진정한 옷 입기는 템포 루바토다

템포tempo는 이탈리아어로 '박자'를 의미하고, 루바토rubato는 '훔치다', '강탈하다'라는 뜻의 이탈리아어 '루바레rubare'에서 유래했다. 템포 루바토tempo rubato는 '박자를 훔치다'를 의미한다. 연주자의 판단에 따라 박자를 약간 빠르게 하거나 느리게 해석해서 박자를 바꾸는 것인데 전체 연주 시간은 변하지 않는다. 루바토는 결론적으로 짜여진 악보에 따라 기계적으로 연주하는 것이 아니라 연주자의 재량에 따라 앞 박자에서 반 박자를 훔쳐다 연주하고 뒷 박자에서 반 박자를 더해서 연주하는 등 전체 음악적 흐름을 조율하면서 연주하는 창의적 연주 기법이다. 아무리 위대한 피아노 음악도 악보대로 연주하는 것은 인공지능이 더 잘할 수 있는 창작의 세계가 열리고 있다. 그렇다면 인공지능이나 컴퓨터가 연주할 수 없는 고유한 창의적 연주를 하려면 연주자 본인의 주관적인 신념과 철학에 따라 자기 스타일을 최대한 구현하는 방법을 모색해야 할 것이다.

루바토는 인공지능을 능가하는 연주의 비밀이자 무기라고 해도 과언은 아닐 것이다. 연주자와 한 몸이 되어 음악적 선율을 창조하는 악기와의 교감은 물론 연주가 특정 공간에서 반향을 일으키며 공명의 장을 만들어냄으로써 청중과의 공명이 일어나는 완벽한 하모니를 연출하는 방법으로 제시할 수 있는 특정한 무엇은 없다. 경지에 이른 연주자의 루바토는 그 어디서도 들을 수 없는 자기만의 독창적인 음색을 지니고 있으며 연주할

때마다 달라질 수 있다. 철저한 음악적 기본기를 기반으로 그 위에 더해지는 자기만의 고유한 음악적 스타일이 음색으로 입혀지면서 청중과의 감동적인 하모니를 연출하는 복합 감각적 향연을 펼치는 루바토는 그 누구도 흉내 낼 수 없다. 왜냐하면, 자신의 삶을 음악에 담아 전체적인 음악적 선율을 자연스럽게 따라가면서도 자유자재로 숨 고르기를 통해 리듬 감각은 물론 공간으로 울려 퍼지는 소리 자체가 연주자의 삶을 관통하는 음악이기 때문이다.

음악적 루바토는 옷 입기에도 그대로 적용된다. 이 책을 통해서 지금까지 말했던 모든 옷 입기에 관한 주장이나 이론, 스타일링 방법 등은 옷 입기에 관한 기본기라고 볼 수 있다. 기본기를 갖추지 못하면 필살기를 발휘할 수 없다. 음악 연주에서 루바토는 기본기를 철저하게 닦은 연주자만이 청중에게 들려주는 필살기다. 기본기는 매뉴얼을 참고로 배우고 익히면서 연습을 통해서 체득할 수 있지만 루바토 같은 필살기는 배우는 방법도 정해져 있지 않고 사람에 따라서 천차만별의 색느낌을 구현할 수 있으므로 그것을 배우는 단 한 가지 최고의 방법은 존재하지 않는다는 것이다.

옷 입기를 통해서 구현하고 싶은 우아한 아름다움을 통해 어울림과 조화로움을 어느 정도 완성하면 까다로움이라는 문턱을 넘어서는 순간 진정한 자기다움의 경지에 이르게 된다. 옷 입기의 자기다움은 결국 옷 입기의 루바토라고 볼 수 있다. 옷 입기에는 획일적인 단 하나의 우아함이나 어울림 또는 조화로움은 존재하지 않는다. 주어진 상황과 분위기, 옷을 입는 사람의 취향과 품격, 추구하는 가치관이나 철학, 옷을 통해 드러내고 싶은 미적 감각이 총체적으로 융합되어 진정한 자기다움이 완성되어 가는 영원한 미완성이다. 옷 입기에 통일된 처방전이 존재할 수 없는 이유다. 사람에 따라서 컬러의 보색을 다르게 변화시켜가면서 한쪽에 약간의 밝은 색깔을 훔쳐왔으면 다른 쪽에는 조금 어두운 색으로 전체적인 톤을 맞춘다든지, 패턴으로 커버가 안 되면 옷의 소재나 실루엣으로 전체적인 스타일을 매번 다른 감각으로 깨우는 옷 입기는 얼마든지 가능하다.

마치 음악에서 박자를 훔쳐서 자기만의 고유한 음악적 스타일을 추구하는 루바토가 있듯이 옷 입기에서도 매치와 미스매치, 밸런스와 언밸런스를 적절히 혼합, 자기다움이 가장 잘 표현되는 순간이 언제, 어떤 때인지를 감각적으로 익혀나가는 옷 입기를 연습할 때 비로소 자기다움을 아름다움의 극치로 드러내는 옷 입기에 이를 수 있지 않을까. 중요한 것은 옷 입기를 결정하는 만고불변의 철칙이나 어떤 상황에서도 통용되는 획일적 매뉴얼이 존재하지 않는다는 사실을 명심할 때, 진정한 자기다움의 옷 입기는 그 누구에게서도 배우거나 흉내 낼 수 없는 자기 특유의 아우라를 담아내는 옷 입기의 루바토를 끊임없이 연습하는 것이다.

옷 입기는 결국 테크닉의 문제가 아니라 내 삶의 문제다. 내가 어떤 삶을 살아갈 것이며, 그 삶을 통해서 내가 구현하고 싶은 꿈이 무엇인지를 끊임없이 탐구하면서 옷 입기의 루바토를 연습할 때, 가장 자기다운 옷 입기의 경지에 이를 수 있는 길이 열리는 것이다. 내가 살아내려고 노력하는 삶의 품격만큼 옷 입기의 루바토도 가장 자기답게 구현할 수 있는 가능성의 문이 열릴 것이다.

바람이 불었으면 하는 바람

에
필
로
그

사치스럽게 꾸미는 옷 입기에서
가치 있게 가꾸는 옷 입기로

여행은 지금 여기를 떠나 낯선 환경과 만나는 마주침이다. 낯선 사람과 만나고 낯선 음식을 먹어보며 낯선 체험적 자극을 받는 색다른 경험이 바로 여행이다. 하지만 진정한 의미의 또 다른 여행은 나를 만나기 위해 자기 안으로 떠나는 여행이다. 이러한 내면 여행을 통해 내 안의 내가 어떤 꿈을 품고, 무엇을 가치 있게 여기며 어떤 삶을 지향하는지를 알 수 있다. 나아가 내가 추구하는 스타일이나 독특한 정체성을 탐구할 수 있게 된다.

우리는 지금까지 나만의 개성을 살리는 옷 입기의 본질이나 옷 입기를 통해 자기 정체성을 더욱 아름답게 드러낼 수 있음을 알았다. 조화로움과 어울림, 궁극적으로 우아함에 이르는 여행을 해왔다. 밖으로 떠나는 여행은 옹색한 나 중심 사유에서 벗어나 드넓은 세상을 내다보는 여행이라면 안으로 파고드는 여행은 나의 본능적 욕망이 무엇인지, 내가 가치 있게 여기는 아름다움의 본질과 그걸 가꾸어 나가는 나만의 방식이 무엇인지를 찾아내는 여행이다. 두 가지 여행은 수시로 서로의 여행에서 느낀 점을 교감하고 공감하는 시간을 통해 보다 조화롭고 아름다운 옷 입기의 우아함을 가꿔나가는 길이다.

가장 아름다운 옷 입기의 근원은 자기다움에 어울리는 옷 입기에 있다면 그 자기다움을 찾아내기 위해서는 내면으로 파고드는 여행을 자주 떠나야 한다. 더불어 내면에서 찾아낸 자기다움을 가장 조화롭게 드러내는 우아한 옷 입기는 다양한 옷 입기 시도를 통해 몸으로 느끼는 감각적 자극이 주는 각성을 경험해봐야 한다. 감각적 각성이 주는 경험은 옷을 입는 매 순간 다르게 다가오는 핏감이며, 영원히 완성될 수 없는 미美완성 작품이다. 안으로 파고드는 내면 여행이 밖으로 떠나는 옷 입기 여행과 자주 만나서 서로 대화를 하지 않으면 자기다움을 잃어버린 옷 입기의 사치가 시작될 수 있다. 반면에 밖으로 떠나는 여행과 안으로 파고드는 여행이 자주 만나 대화를 하는 과정에서 가장 우아한 옷 입기의 가치가 살아난다. 사치스럽게 꾸미는 옷 입기가 반복될수록 진정한 나는 없어지고 유행이나 특정인을 무조건 따라가는 부화뇌동식 옷 입기 습관이 생긴다. 반면에 자기다움을 드러내는 옷 입기가 계속될수록 가장 아름다운 자기 정체성의 소중한 가치가 드러난다.

최고의 옷 입기란 지금 여기서 나에게 가장 잘 어울리는 옷을 입는 것이다. 가장 잘 어울리는 옷은 한 번 정하면 만고불변의 진리처럼 통용되는 옷이 아니다. 옷을 입는 자신의 감정과 의도, 옷을 입고 등장할 장소나 무대, 그곳에서 내가 존재하는 이유와 역할 등에 따라 미세한 차이를 주면서 변화를 수용할 때 최고의 옷 입기는 늘 새롭게 탄생한다. 우아한 아름다움에 대한 고정된 법칙이 존재하지 않는 이유는 시간이 지나면 아름다움을 판단하는 자신의 생각이 바뀔 수도 있기 때문이다. 지금 여기서 나에게 가장 잘 어울리는 옷이라고 해도 감각적 각성이 달라지고 자극이 바뀌면 또 다른 아름다움이 내 몸을 휘감으며 지금까지 느껴보지 못한 색다른 감각적 깨달음을 얻을 수 있기 때문이다. 결국 최고의 옷 입기란 옷을 입으면서 최고의 행복감을 맛보는 경험을 내 몸이 직접 느낄 때다. 몸이 원하는 최고의 옷 입기를 몸이 직접 느끼게 해주는 옷 입기야말로 나에게 주는 최고의 선물이다.

옷 입기를 통해 나에게 최고의 선물을 주기 위해서는 내가 누구인지를 끊임없이 탐색하는 여행을 즐겨야 한다. 옷은 나의 정체성을 드러내는 제2의 자아이기에 아무렇게나 입으면 나의 자아도 아무렇게나 방치되는 이유다. 그 사람이 입은 옷은 결국 그 사람의 생각과 느낌, 자세와 태도를 고스란히 보여주는 증표다. 지금까지는 아무렇게나 입었다고 가정한다면 지금부터라도 옷 입기를 통해 나의 진정한 이미지를 나만의 고유한 스타일로 얼마든지 가꿔나갈 수 있다. 왜냐하면 옷 입기는 꾸밈을 통해 나를 위장한 사치가 아니라 가꿈을 통해 내 꿈을 이뤄나가면서 나의 가치를 더욱 돋보이게 하는 하나의 예술적 행위이기 때문이다. 모든 예술적 작품은 예술가의 삶과 무관하지 않듯 예술작품 또는 예술행위로서의 옷 입기 역시 옷을 입는 사람의 삶과 무관하지 않다. 내가 입은 옷이 바로 나의 고유한 스타일을 드러낸다면, 그 스타일은 고정된 법칙이나 매뉴얼에 따라 늘 똑같은 패턴을 반복하는 게 아니다. 끊임없이 변신을 거듭하면서 나의 고유한 자기 정체성을 나만의 스타일로 표현하는 미완성 작품이다. 어제와 다른 변화를 지속적으로 추구하지만 어떤 옷을 입어도 그 사람 특유의 우아함이 드러나는 게 옷 입기의 거부할 수 없는 매력이다.

　　스타일은 기술적 기교를 부리거나 특정한 교육을 받는다고 생기는 것이 아니다. 한 사람의 스타일은 그 사람이 살아가는 이유와 삶에서 소중하게 생각하는 가치관이 무엇인지에 따라 드러나는 자기다움과 어울리고 조화를 이룰 때 가장 우아한 아름다움으로 세상에 드러난다. 나는 이 책을 통해 아름다움은 관념적 추상미抽象美가 아니라 신체적인 구체미具體美라고 주장했다. 아름다움을 통해 이르고자 하는 목적지가 우아함에 있다면 다양한 방식으로 옷을 입어보지 않고서는 느낄 수 없다. 똑같은 옷을 입어도 언제 어디서 어떤 모습으로 나타나는지에 따라서 전혀 다른 아름다움을 가꾸어낼 수 있기 때문이다. 아름다움이 만고불변의 진리가 아니라 상황에 따라 변하는 일리一理가 되는 이유다. 저마다의 방식으로 아름다울 수가 있고 저마다의 방식으로 우아해질 수 있으므로 그런 아름다운 우아함에 이르기 위해서는 끊임없이 공부하고 시도하면서 직접 몸으로 느끼는 경험의 감각적 각성이 동반되어야 한다. 내가 이 책을 통해서 옷 입기도 습관이자 끊임없이 몸으로 공부해야 생기는 능력이라고 주장한 이유다.

　　나만의 고유한 스타일을 드러내는 우아한 옷 입기가 당신의 일상에서도 작은 기적이 일어나 행복한 선물이 되면 좋겠다는 바람을 가져본다. 내가 입으면 조화롭게 어울리는 옷 입기를 발견할 때 비로소 감각의 자유를 획득하는 출발점이 된다. 그동안 옷 입기 관성과 타성에 젖어 나다움을 드러내지 못한 불행한 삶이었다면 지금부터라도 나와 가장 잘 어울리는 옷 입기를 시도해야 한다. 이런 시도만이 나만의 고유한 우아함으로 내가 재탄생하는 계기가 된다. 이 책이 소중한 당신의 고유한 아름다움을 찾아가는 데 작은 지침서가 되었으면 좋겠다는 희망을 품으면서 옷 입기를 통해 자기다움을 드러내는 여행을 마칠까 한다. 자기다움으로 시작해서 우아함에 이르는 아름다운 발견의 과정은 한두 번의 여행으로 끝나지 않는다. 살아있는 동안 우리가 영원히 반복하면서 오늘보다 아름다운 내일의 나를 발견하는 영원한 미美완성 여행이다.

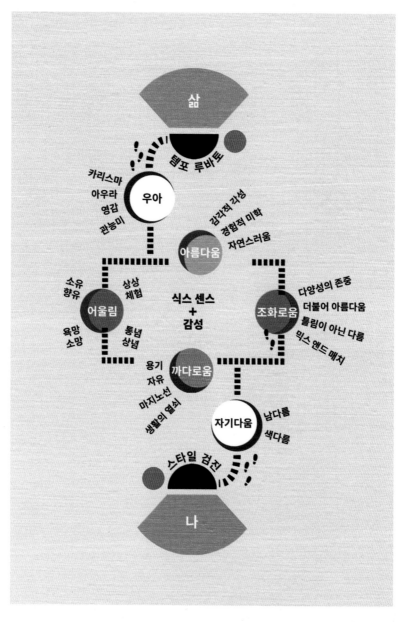

옷 입기, 나를 발견하는 영원한 미美완성

Life Style Image Consultant
김윤우

Life의 의미는 끊임없이 배우고learning, 미지의 세계를 상상imagination하고, 세상의 흐름 fashion과 더불어 살아가며, 오늘과 다른 내일을 맞이하려는 열정enthusiasm이다. 어떤 분야에서 무슨 일을 하며 살아가든 먹고 사는 '생존生存'을 넘어 삶의 활력을 되찾는 '생활生活'의 묘미를 발견하기 위해서는 무엇보다도 자기다움으로 세상에서 아름다운 나를 찾아 떠나는 여행을 즐겨야 한다. 삶을 예술처럼 경영할 수 있게 가르쳐주는 공부를 했다. 하지만 결국 우리가 살아가는 모든 순간은 예술임을 깨달았다. 예술은 삶과 분리 독립된 전문가들만의 세계가 아니다. 오히려 예술은 L'if'e가 품고 있는 수많은 'if'에 주목하면서 어떻게 살아가는 것이 가장 자기답게 살아가는 것이 무엇인지를 추구하는 모든 사람들의 숙제이자 축제다.

사람은 사람다울 때 가장 아름답게 빛난다. 그 빛남의 가치를 드러내는 가장 단순하면서도 소중한 가꿈이 옷에서 비롯된다는 사실을 알게 되었다. 옷을 직접 만들어보기도 하고 어떤 옷을 어떻게 입으면 가장 자기다움이 빛날 수 있는지, 이미지와 컬러는 물론 한 사람의 스타일 가꾸기를 통해 똑같은 사람도 얼마든지 변신을 거듭할 수 있음을 경험과 공부를 통해서 깨닫게 되었다. 옷 입기는 단순히 옷을 내 몸에 맞게 입는 수준을 넘어선다. 자기만의 까다로운 기준을 통해 내가 추구하는 삶Life의 이미지Image는 물론 스타일Style과 전체적으로 조화되었을 때, 옷 입기가 비로소 가장 찬란하게 빛날 수 있다. 이 사실을 깨닫도록 누군가를 돕는 것이 가장 행복한 순간임을 뒤늦게 알게 되었다.

오늘도 옷이 걸어오는 말에 귀를 기울여 가장 자기다움을 드러내는 옷 입기이야말로 힘입기임을 보다 많은 사람들에게 알려주고 싶다. 현재 그랑그랑 크리에이션㈜ 대표로서 개인마다의 고유한 '삶의 무늬와 색'을 탐색하여 조화롭고 감각적이며 우아한 '취향'과 진정한 '나만의 아름다움'을 찾도록 돕는 라이프 스타일 이미지 컨설팅을 하고 있다. 그랑그랑 크리에이션의 최종 솔루션은 스타일에 대한 제안뿐 아니라 균형과 조화를 통해 행복한 삶의 방정식을 스스로 풀어갈 수 있도록 아름다움을 선물해주는 것이다.

GRANGRAN CREATION

https://grangrancreation.com/

옷이 당신에게 말을 걸다
DRESS to ADDRESS

초판 1쇄 발행 2023년 2월 10일

지은이 김윤우 **사진** 최희진
펴낸이 오연조 **디자인** 성미화 **경영지원** 김은희
펴낸곳 페이퍼스토리
출판등록 2010년 11월 11일 제 2010-000161호
주소 경기도 고양시 일산동구 정발산로 24 웨스턴타워 1차 707호
전화 031-926-3397 **팩스** 031-901-5122
이메일 book@sangsangschool.co.kr

값 29,000원
ISBN 978-89-98690-70-0   13590